EPLAN Electric P8
官方教程

第 2 版

覃 政　吴爱国　匡 健
陈秋明　王 波　孟 昊　编著

机械工业出版社

本书致力于帮助初学者有效学习EPLAN平台的EPLAN Electric P8软件，并通过具体操作步骤达到熟练操作的目的。本书章节严格按照EPLAN培训中心DOCUCENTER ELECTRIC P8的专业培训步骤编写，读者可以通过自学的方式达到专业培训的效果，配合使用DOCUCENTER ELECTRIC P8培训软件效果更佳。

本书内含大量的专业术语解释和操作命令菜单，操作步骤直接明了，内容简单易懂。本书可作为企业电气设计者、在校学生、EPLAN Electric P8软件爱好者的基础培训用书，也适合专业的EPLAN Electric P8培训机构作为培训用书。

图书在版编目（CIP）数据

EPLAN Electric P8官方教程 / 覃政等编著. — 2版. — 北京：机械工业出版社，2023.6（2024.12重印）
ISBN 978-7-111-73451-2

Ⅰ.①E⋯　Ⅱ.①覃⋯　Ⅲ.①电气设备—计算机辅助设计—应用软件—教材　Ⅳ.①TM02-39

中国国家版本馆CIP数据核字（2023）第121671号

机械工业出版社（北京市百万庄大街22号　邮政编码100037）
策划编辑：刘琴琴　　　　　　　　责任编辑：刘琴琴
责任校对：潘　蕊　梁　静　　　　封面设计：王　旭
责任印制：张　博
北京建宏印刷有限公司印刷
2024年12月第2版第3次印刷
169mm×239mm·18.5印张·308千字
标准书号：ISBN 978-7-111-73451-2
定价：59.80元

电话服务　　　　　　　　　网络服务
客服电话：010-88361066　　机 工 官 网：www.cmpbook.com
　　　　　010-88379833　　机 工 官 博：weibo.com/cmp1952
　　　　　010-68326294　　金 书 网：www.golden-book.com
封底无防伪标均为盗版　　机工教育服务网：www.cmpedu.com

序

中国是工业制造大国，依托于政府的政策导向，在工业集群化发展的背景下，中国是唯一拥有联合国产业分类中所列全部工业门类的国家。中国工业增加值占 GDP 比重在过去十年中均保持在 40% 左右的份额。截至 2021 年，中国全部工业增加值达 37.3 万亿元人民币，占全球工业增加值的 25%。在此背景下，中国工业对于整体经济的影响将持续增长。中国也在从工业大国走向工业强国，作为可赋能传统工业或制造业数字化升级的智能制造正处于需求提升阶段，其重要性与必要性越发凸显。由工业和信息化部、国家发展和改革委员会等八个部门联合印发的《"十四五"智能制造发展规划》中明确指出，要加快系统创新，增强融合发展新动能，加强关键核心技术攻关并加速智能制造装备和系统的推广应用。到 2035 年，规模以上制造业企业将全面普及数字化。

在这样的时代背景下，EPLAN 公司以"帮助客户成功"为基本出发点，针对性地提出基于 EPLAN Experience 的服务方法论。本套系列教程充分融入数字化的市场需求特性，从企业的 IT 架构、平台设置、标准规范、产品结构、设计方法、工作流程、过程整合、项目管理八个方面来诠释如何运用 EPLAN 确保企业项目成功实施。

本套系列教程的创新点如下：

首先，新版教程着眼于当下的时代背景，融入了基于数字化设计的智能制造特性。纵向上，新版教程的内容涉及工程项目规划、项目报价、系统概要设计、电气原理设计、液压和气动原理设计、三维元器件布局设计、三维空间布线设计、高质量工程文件的输出、生产加工文件的输出、工艺接线指导文件的输出、设备运维的操作指导等。横向上，新版教程可适用的范围包括电气设计工程师对软件操作方法的学习、研发部门对设计主数据的管理、企业标准化和模块化的基础战略规划、企业智能制造的数字化驱动、基于云的企业上下游工业数字化生态建设等。

其次，新版教程采用"项目导航"式学习方式代替以往的"入门培训"式学习方式，充分结合项目的执行场景提出软件的应对思路和解决措施。在风格上，新版教程所用截图将全面采用 EPLAN Ribbon 的界面风格，融入更多的现代化视觉感受。在形式上，新版教程都增加了大量的实战项目，读者可以跟随教程的执行步骤最终完成该项目，在实践中学习和领会 EPLAN 的设计方法以及跨学科、跨专业的协同。

再次，在内容上，除了包括大家耳熟能详的 EPLAN Electric P8、EPLAN Pro Panel、EPLAN Harness proD 三款产品之外，还增加了 EPLAN Preplanning 的教程内容，读者可学习 P&ID、仪器仪表、工程规划设计、楼宇自动化设计等多元素设计模式。在知识面上，读者将首次通过 EPLAN 的教程学习预规划设计、电气原理设计、机柜布局布线设计、设备线束设计、可视化生产和数字化运维的全方位数字化体系，充分体验 EPLAN 为制造型企业所带来的"数字化盛宴"。在设计协同上，读者不仅可以利用 EPLAN 的不同产品从不同视角实现跨专业、跨学科的数据交互，还可以体验基于 EPLAN 云平台技术实现跨地域、跨生态的数字化项目状态跟进和修订信息共享及管理，提升设计效率，增强项目生命周期管理能力。

取法乎上，仅得其中；取法乎中，仅得其下。EPLAN 一直以"引领高效工程设计，助力中国智能制造"为愿景，通过产品和服务助力企业的高效工程设计，实现智能制造。

本套系列教程是 EPLAN 中国专业服务团队智慧的结晶，所用的教学案例均源自于服务团队在为客户服务过程中所积累的知识库。为了更好地帮助读者学习，我们随教程以二维码链接的方式为读者提供学习所需的主数据文件、3D 模型、项目存档文件等。相信本套系列教程将会帮助广大读者更科学、更高效地学习 EPLAN，充分掌握数字化设计的技能，为自己的职业生涯增添厚重而有力的一笔！

易盼软件（上海）有限公司，大中华区总裁

宁 改

前　言

　　EPLAN 隶属于 Friedhelm Loh Group，作为全球领先的工程设计制造方案软件提供商，是机电一体化软件领域的行业领导者，同时引领工程设计自动化云战略。EPLAN 软件从诞生之初便随着全球工业化进程逐渐优化与完善，至今已成为业内最全面的机电一体化系统工程解决方案。

　　EPLAN 机电一体化系统工程解决方案中被广泛熟知的工具为 EPLAN Electric P8，它是电气设计的核心工具。除此之外，解决方案还将流体、工艺流程、仪表控制、柜体设计及制造、线束设计等多种专业的设计和管理统一扩展，实现了跨专业多领域的集成与协同设计。在此解决方案中，无论做哪个专业的设计，都使用同一个图形编辑器，调用同一个元器件库，使用同一个翻译字典，形成面向自动化系统集成和工厂自动化设计的全方位解决方案。具体包含的工具和解决方案如下：

　　➢ EPLAN Experience：基于 PRINCE2 的高效、低风险的实施交付方案。

　　➢ EPLAN Preplanning：用于项目前期规划、预设计及面向自控仪表过程控制的设计工具。

　　➢ EPLAN Electric P8：面向电气及自动化系统集成的设计工具。

　　➢ EPLAN Smart Wiring：高效、精准的智能布线工具。

　　➢ EPLAN Fluid：液压、气动、冷却和润滑设计工具。

　　➢ EPLAN Pro Panel：盘柜 3D 设计，仿真工具。

　　➢ EPLAN Harness proD：线束设计和发布工具。

　　➢ EPLAN Cogineer：模块化配置式设计和自动发布工具。

　　➢ EPLAN Data Portal：在线即时更新的海量元器件库。

　　➢ EPLAN ERP/PDM/PLM Integration Suite：与 ERP/PDM/PLM 知名供应商的标准集成接口套件。

　　➢ EPLAN Cloud：EPLAN 云解决方案。

为了帮助国内从事机电一体化相关研发设计工作的读者系统学习基于 EPLAN 机电一体化设计技术的系列设计工具，EPLAN 国内专业服务团队针对上述所有 EPLAN 解决方案或产品撰写了 EPLAN Solution 指导教程。

本书是根据 EPLAN 全球通用培训教程 *DOCUCENTER Electric P8 Basic Course* 编写而成的 EPLAN Electric P8 教学用书。本书共有 36 章，每章都以实际案例的形式进行叙述，包括专业名词解释和具体操作步骤，读者按照步骤循序渐进地学习便可以很好地掌握 EPLAN Electric P8 的基本操作。通过本书，读者将学习到如下知识：

➢ 如何采用 EPLAN Electric P8 进行多电气工程项目规划、检查、归档与管理。

➢ 如何采用 EPLAN Electric P8 进行基于数据库的快速详细的电气原理设计。

➢ 如何采用 EPLAN Electric P8 遵循的多种标准，如 IEC、NFPA、GOST、中国国家标准等，以及软件中提供的合乎相应标准的主数据和示例项目来进行电气设计。

➢ 如何采用 EPLAN Electric P8 进行电气设计面向工艺、生产等业务流程的数据发布，如自动生成接线图的详细报告，为项目生产、组装、调试和服务等阶段提供所需的数据。

本书涉及的示例和解释说明都是通过本地下载并安装 EPLAN 软件后自带的主数据。

书中若有疏漏和不足，恳请广大读者批评指正！

编著者

目　录

第 2 部分　EPLAN 主数据标准化

第 3 部分　EPLAN Electric P8 工程应用

第1部分　EPLAN 新平台

第1章
EPLAN 新平台介绍

EPLAN 新平台于 2021 年 9 月发布，相较于之前版本，新平台有了较大的变化，本章主要向读者介绍 EPLAN 新平台的特性以及 EPLAN 公司全新的云平台相关内容。

1.1 EPLAN 新平台简介

市场瞬息万变，随着数字化、智能化时代的到来，各行各业都面临着新的挑战，因循守旧注定被淘汰，唯有改变才能获得更好的发展。EPLAN 致力于向用户提供更好的解决方案平台以及更优质的服务，因此一直在不断地升级优化。EPLAN 新平台作为继 EPLAN 5、EPLAN Electric P8 之后的第三代产品，给用户带来了很大惊喜。在过去近 40 年的时间里，EPLAN 公司的产品都是以版本号来命名，如 2.6、2.7、2.8、2.9，而早先的 EPLAN 5 系列版本的命名亦然。但这样的命令规则止步于 5.7 Enhanced 版本，如图 1-1 所示。

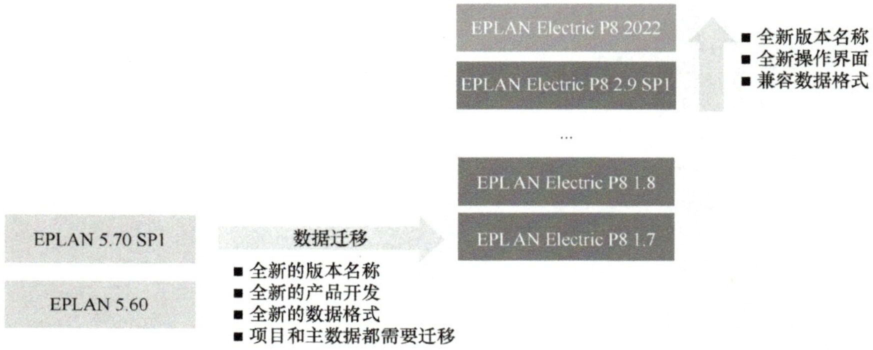

图 1-1 EPLAN Platform 产品迭代

用版本号命名的好处是不同版本之间的功能差异容易对比，且容易记忆。例如：

> EPLAN 1.8 添加了国标的图框。
> EPLAN 2.0 添加了设备连接图。
> EPLAN 2.2 添加了 Pro Panel 布线。
> EPLAN 2.7 添加了属性搜索框。

每个版本的产品特征明显，令人记忆深刻，而且强化了 EPLAN Electric P8、EPLAN Pro Panel、EPLAN Harness proD 等不同产品版本在用户心目中的印象，提到 EPLAN Electric P8，用户就会联想到电气原理图设计，提到 EPLAN Pro Panel，用户就会联想到 3D 盘柜虚拟样机设计。

自 2022 年起，EPLAN 公司的新一代产品改用年份作为版本命名规则，也就是说 EPLAN 公司的产品不会再出现类似 EPLAN 2.10、EPLAN 3.1 等命名方式，以后产品名称是 EPLAN Platform 2022、EPLAN Platform 2023 等，简称 EPLAN 2022、EPLAN 2023 等，统称 EPLAN 平台。

1.2　EPLAN Cloud

提及 EPLAN 新平台，就不得不提 EPLAN 全新云平台——EPLAN Cloud。EPLAN Cloud 是 EPLAN 公司研发的云解决方案，旨在为用户的团队合作提供增值服务，特别是涉及跨地区团队合作。EPLAN Cloud 界面如图 1-2、图 1-3 所示，它以一个菜单的形式嵌入在 EPLAN 平台中。EPLAN Cloud 包含以下产品：

> EPLAN Data Portal。
> EPLAN eMANAGE Free。
> EPLAN eMANAGE。
> EPLAN eVIEW Free。
> EPLAN eBUILD Free。
> EPLAN eBUILD。

图 1-2　EPLAN Cloud 界面 1

除此之外，EPLAN 公司还为用户提供了在线学习平台 EPLAN eLearning。EPLAN eLearning 中有大量软件学习资源，支持用户在线学习，如图 1-4 所示。

图 1-3　EPLAN Cloud 界面 2

图 1-4　EPLAN eLearning 界面

 提示：

　　EPLAN 云平台在 EPLAN 2022 Update 4 版本中更新命名为 EPLAN Cloud，在此之前的版本中其命名为 EPLAN ePLUSE。

1.2.1　EPLAN Data Portal

　　很多用户对于 EPLAN Data Portal 部件库都不陌生，EPLAN Data Portal 是基于 EPLAN 平台的专业部件数据库，包含全球大部分主流制造商的部件数据。EPLAN Data Portal 可以为工业自动化生态系统的工程设计提供高质量的工程数据，能够应用于工程设计的各个环节，如部件选择、原理图和部件列表生成、数据计算、安装布局和生产、文档管理等，可极大地提升工程设计的效率和质量。为方便国内用户使用，EPLAN 公司特地在国内设置了 EPLAN Data Portal 服务器，数据下载速度大幅度提升。EPLAN Data Portal 界面如图 1-5 所示。

图 1-5　EPLAN Data Portal 界面

1.2.2　EPLAN eMANAGE Free

EPLAN eMANAGE Free 是一款方便用户与他人进行跨项目和跨地域协作的云应用程序。eMANAGE Free 可以帮助用户跨团队和跨企业在安全的云环境中与其他同事分享 EPLAN 项目，该解决方案在很大程度上解决了企业数据共享的难题。试想一下，在设计团队完成原理图设计的几分钟后，下游的生产制造部门就可以实时拿到最新的设计图纸，十分方便快捷。

1.2.3　EPLAN eMANAGE

除 Free 版功能外，EPLAN eMANAGE 还为用户提供了大量的存储空间以及更多更实用的功能。此外，用户可以借助 eMANAGE 进行主数据的转换、EPLAN 项目版本的升版和降版等，EPLAN eMANAGE 界面如图 1-6 所示。

图 1-6　EPLAN eMANAGE 界面

1.2.4　EPLAN eVIEW Free

借助 EPLAN eVIEW Free，用户可以大幅度推进工程设计审核流程数字化。eVIEW 可以实现随时随地协同工作，这意味着用户不再受地域限制，可随时随地查看浏览器中的项目数据，并通过在线编辑功能对项目数据进行批注。

1.2.5　EPLAN eBUILD Free

高效工程设计新方法 EPLAN eBUILD Free，可以帮助用户轻松实现自动化工程设计，预定义或单独定制的库使 EPLAN 的用户在日常工作中只需点一下鼠标就可以轻松创建原理图。此应用程序将自动免费提供给注册的用户。

1.2.6　EPLAN eBUILD

用户可以借助 EPLAN eBUILD 创建个人模板库，以便在 EPLAN 云平台中供员工和同事重复使用。完整版 eBUILD 由两个功能区组成：Designer 及 Project Builder。用户将根据 EPLAN 宏技术在 Designer 中创建个人模板库，模板库创建完成之后，用户可以随时在 Project Builder 中重复使用该库，只需要简单点选就可以创建原理图。

第2章

EPLAN 新平台软件安装

EPLAN 新平台软件的下载和安装与以往版本没有太大差异，本章主要介绍 EPLAN 新平台软件安装的相关内容。

2.1 安装包下载

用户可通过登录 EPLAN 官方网站（网址为 https：//www.eplan.cn/）下载最新最全的安装包。进入网站后，在【资讯下载】窗口输入 Dongle ID（授权号）和 Customer ID（客户号）后即可正常下载安装包。详情如图 2-1、图 2-2 所示。

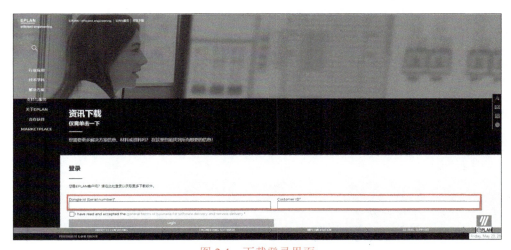

图 2-1　下载登录界面

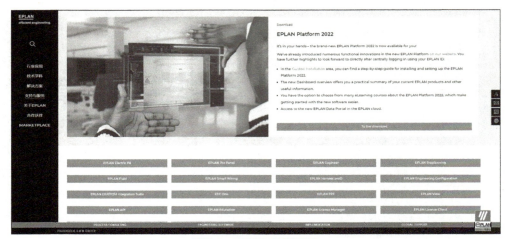

图 2-2　安装包下载界面

　　部分用户在使用 EPLAN 软件期间并没有注意到自己的 Dongle ID（授权号），一般来说，查询 Dongle ID（授权号）的方式有以下三种。

　　方式一：使用单机老版本硬件 U 盘的授权用户，在授权壳体上会有一串号码，一般以 WUP…或 EPL…等开头，10 位英文 + 数字码就是用户的 Dongle ID（授权号）。

　　方式二：无硬件激活属于 EID 激活的较新版本用户，可以长按〈Shift〉键的同时双击 EPLAN 快捷键启动，弹出【选择许可】窗口，【序列号】后内容便是 Dongle ID（授权号），如图 2-3 所示。

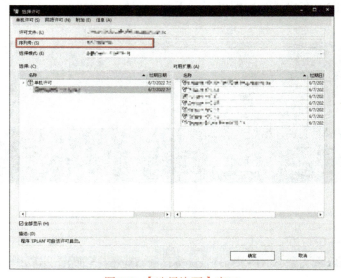

图 2-3　【选择许可】窗口

方式三：用户可以在 EPLAN 软件内查看序列号信息，有以下两种情况。

➢ 使用 EPLAN 2.9 及 EPLAN 2.9 之前版本的用户，可以通过菜单栏【帮助】→【关于】看到序列号信息，如图 2-4 所示。

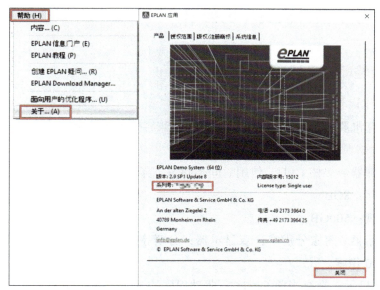

图 2-4 使用 EPLAN 2.9 及之前版本查看序列号信息

➢ 使用 EPLAN 新平台的用户，可以通过菜单栏【文件】→【帮助】→【产品】查看序列号信息，如图 2-5 所示。

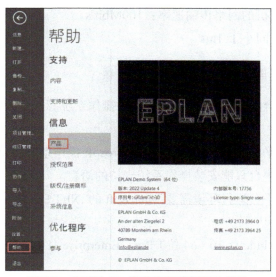

图 2-5 在 EPLAN 新平台查看序列号信息

Customer ID（客户号）相关信息可以询问公司内部的 EPLAN 管理员，也可以联系易盼软件公司获取相关信息。

2.2 软 / 硬件安装环境要求

2.2.1 硬件配置要求

1. 工作计算机

➢ 计算机要求：Intel Core i5、i7、i9 或兼容处理器的个人计算机。

2. 工作计算机的推荐配置

➢ 处理器：多核 CPU，使用时间不超过三年。

➢ 内存：8GB。

➢ 硬盘：500GB。

➢ 显示器 / 图像分辨率：双显示器；分辨率至少为 1280×1024 像素，建议 1920×1080 像素。

➢ 3D 显示：带有当前 OpenGL 驱动程序的 ATI 或 NVIDIA 显卡。

3. 网络

建议用户使用 Microsoft Windows 网络。

➢ 服务器的网络传输速率：1Gbit/s。

➢ 用户端计算机的网络传输速率：100Mbit/s。

➢ 建议等待时间小于 1ms。

2.2.2 软件配置要求

EPLAN 新平台的程序支持 64 位版本的操作系统。

1. 操作系统

➢ EPLAN 新平台支持 64 位版本的 Microsoft 操作系统 Windows 10。

➢ EPLAN 新平台只能安装操作系统支持的语言。

➢ EPLAN 新平台运行环境需要 Microsoft 的 .NET Framework 4.7.2。

2. 工作站

➢ Microsoft Windows 10（64 位）Pro、Enterprise 1809。

➢ Microsoft Windows 10（64 位）Pro、Enterprise 1903。

➢ Microsoft Windows 10（64 位）Pro、Enterprise 1909。

➢ Microsoft Windows 10（64 位）Pro、Enterprise 2004。

➢ Microsoft Windows 10（64 位）Pro、Enterprise 20H2。

3. 服务器

➢ Microsoft Windows Server 2012 R2（64 位）。

➢ Microsoft Windows Server 2016（64 位）。

➢ Microsoft Windows Server 2019（64 位）。

4. Citrix 服务器

➢ 配备 Citrix XenApp 7.15 和 Citrix Desktop 7.15 的终端服务器。

5. Microsoft Office 产品

➢ Microsoft Office 2016（64 位）。

➢ Microsoft Office 2019（64 位）。

6. SQL 服务器（64 位）

➢ Microsoft SQL Server 2016。

➢ Microsoft SQL Server 2017。

➢ Microsoft SQL Server 2019。

7. PDF Redlning

➢ Adobe Reader Version XI。

➢ Adobe Acrobat Version XI Standard/Pro 版本。

➢ Adobe Reader DC 版本。

➢ Adobe Acrobat DC Standard/Pro 版。

2.3　安装步骤

EPLAN 新平台安装步骤如下。

步骤一：单击安装包内的 setup.exe 文件，如图 2-6 所示。

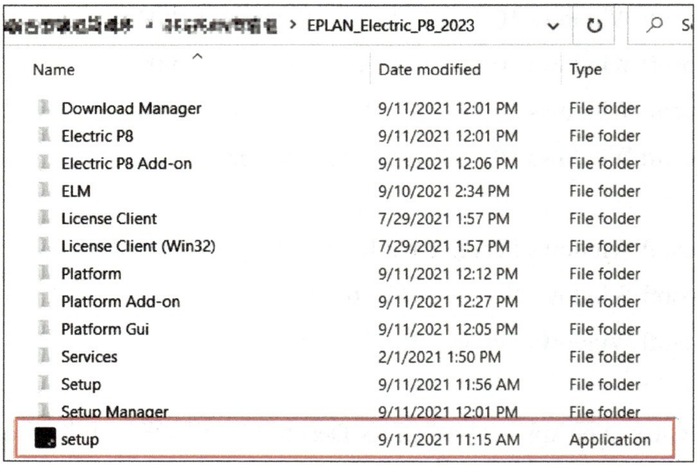

图 2-6　EPLAN 安装包信息

步骤二：选择界面风格（深色模式、浅色模式、自动），单击【Next】按钮，如图 2-7 所示。

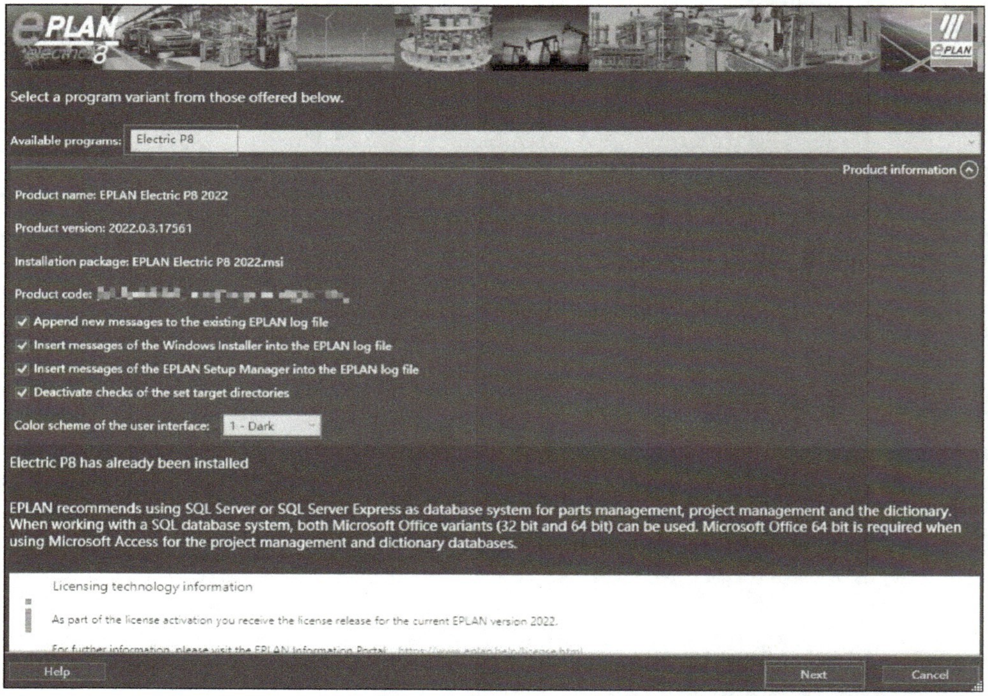

图 2-7　选择界面风格

步骤三：选择目录和测量单位（mm 或者 inch，推荐选择 mm），单击【Next】按钮，如图 2-8 所示。

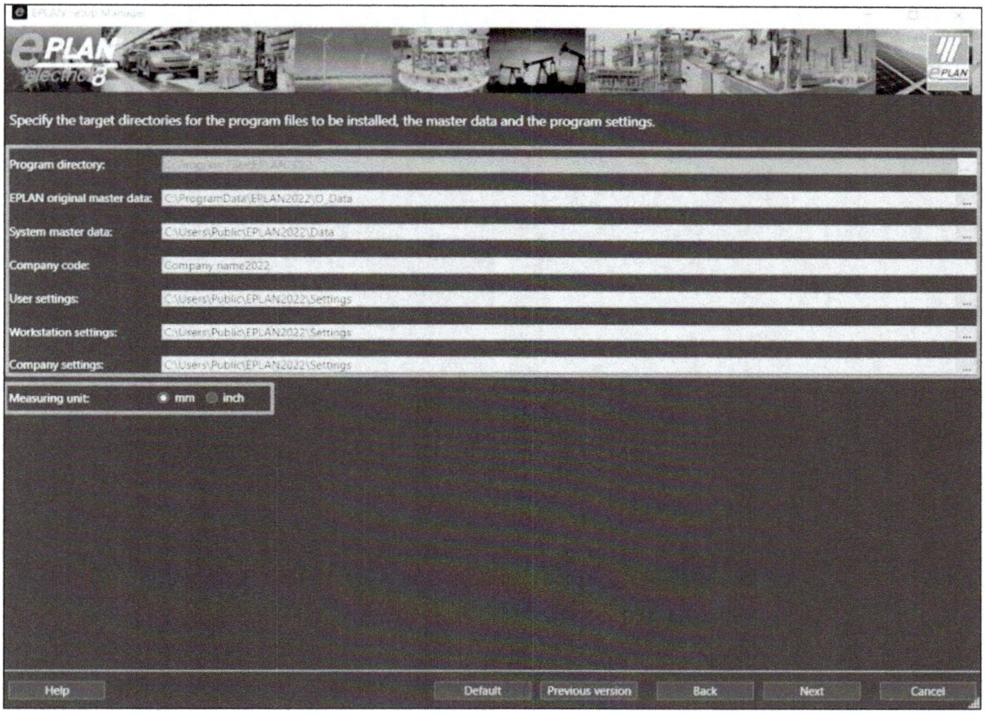

图 2-8　选择目录和测量单位

提示：

如果用户的计算机同时安装了多个版本 EPLAN 软件，建议在选择目录时，单独为每个版本的 EPLAN 软件新建一个目录，便于管理各个版本的 EPLAN 软件数据。

步骤四：选择安装数据包内容和语言，单击【Install】按钮，如图 2-9 所示。

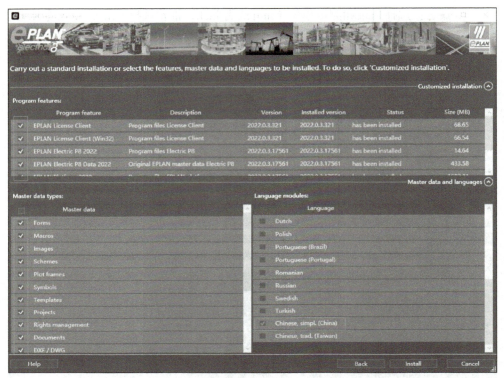

图 2-9　选择安装数据包内容和语言

 提示：

安装步骤中未提及的步骤，在软件安装时单击【Next】按钮即可。

第 3 章
走进 EPLAN 新平台

从软件启动到软件界面，EPLAN 新平台相较于以往版本有了很大改变，本章主要介绍 EPLAN 新平台的部分功能。

3.1 启动 EPLAN 新平台

EPLAN 新平台启动方式与旧版本无异。软件安装成功之后，双击桌面 EPLAN 新平台图标，或者右击桌面 EPLAN 新平台图标，在弹出的快捷菜单中选择【打开】命令即可。与旧版本 EPLAN 平台不同的地方在于：首次打开 EPLAN 新平台时需要登录 EPLAN ID（EPLAN ID 登录期限为 30 天，过期需要重新登录），而首次登录 EPLAN 新平台时需要注册 EPLAN ID。用户也可以单击【稍后登录】按钮暂时启动 EPLAN 新平台，期限为 30 天，30 天后依旧需要通过登录 EPLAN ID 启动 EPLAN 新平台，如图 3-1 所示。

EPLAN ID 用于登录 EPLAN Cloud，可以简单理解为 EPLAN ID 是 EPLAN Cloud 平台的登录账号。EPLAN Cloud 平台的注册非常简单，用邮件即可完成注册。需要注意的是，用户在完成注册之后，需要加入客户组织，客户组织一般是由公司的 EPLAN 管理员创建并进行日常管理。加入客户组织之后，用户的账号才可以正常登录 EPLAN Cloud 平台。

图 3-1   EPLAN 新平台登录界面

3.2   EPLAN 新平台的全新界面

全新的 EPLAN 新平台一改以往风格，全新的设计语言使得操作界面焕然一新。EPLAN 新平台凭借其符合人体工程学和图形用户界面（Graphic User Interface，GUI）的全新用户界面，在专注于典型的工业 / 工程设计的同时，提高了用户的接受度。EPLAN 新平台的全新界面摆脱了多级菜单烦恼，操作更加便捷简单，用户可以更快捷地找到自己想要的菜单。不仅如此，全新的界面可以根据用户的需求自由定制，完全按照用户的操作习惯以各自舒适的方式定制专属的软件界面。而默认的软件界面是基于用户的工作流程，进而优化的人机交互界面，旨在提升用户的工作效率。

在全新的 EPLAN 新平台界面中，又引入了一些新的术语，如快速访问工具栏、功能区、命令区等，术语解释如图 3-2 所示。

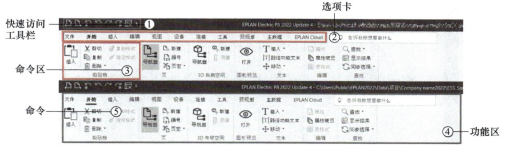

图 3-2 EPLAN 新平台操作界面展示

 提示：

　　由于 EPLAN 新平台更改了用户界面，所以旧的 EPLAN 软件版本（2.9 或更早版本）的工具栏、工作区域无法导入当前版本中。

　　EPLAN 新平台整体界面风格充满了简洁、直观、去复杂化的设计，它特地保留了旧版本的菜单栏，帮助用户快速顺畅地从旧版本切换到 EPLAN 新平台：用户可以在功能区右侧工作区域的【显示菜单栏】命令中打开旧版本的菜单栏，如图 3-3 所示。在对用户的调研中发现，大部分用户从旧版本切换到 EPLAN 新平台，大约需要一周时间来适应，一周之后他们就可以轻松驾驭 EPLAN 新平台。作为本书的读者，用户可以在书中找到想要的内容，提高新平台操作的上手速度。当然，如果用户对于 EPLAN 新平台还有更多的需求，EPLAN 公司也有针对 EPLAN 新平台升级的官方培训，通过培训可以帮助用户及用户的伙伴们快速完成旧版本到 EPLAN 新平台的切换。

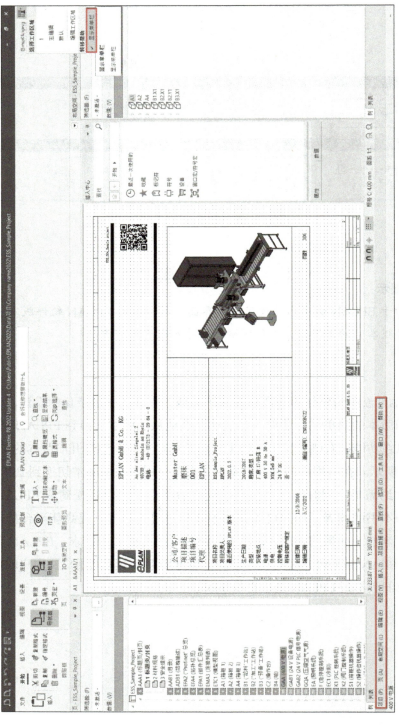

图 3-3 【显示菜单栏】命令

3.3　EPLAN 新平台的深色与浅色界面设置

EPLAN 新平台的界面风格主要有两种：深色模式和浅色模式，如图 3-4 所示。

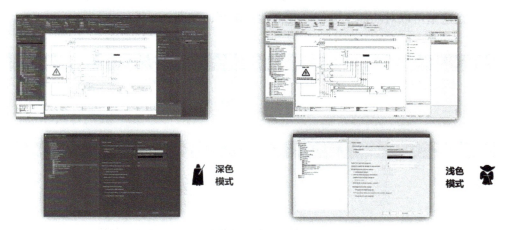

图 3-4　用户界面风格模式

这里的界面风格不仅是指绘图区域的背景颜色，而是指类似用户手机的深色模式和浅色模式，模式可以根据用户不同的使用场景而改变。例如，白天的光线强，屏幕显示相对较暗，用户可以选择浅色模式，使屏幕更加清晰；夜晚可以选择深色模式，在不影响使用软件的前提下可以保护用户的眼睛。值得一提的是，用户除了可以自主选择深色模式和浅色模式之外，还可以设定自动模式，在设定为自动模式后，界面风格会根据系统时间，自动在深色模式和浅色模式之间切换。界面颜色的设置方式位于设置菜单（【用户界面】→【用户界面设置】）。

 提示：

在切换用户界面设置风格后需要重新启动 EPLAN 软件，重新启动后软件会显示最新的界面风格。

3.4　EPLAN 新平台"功能区"——Ribbon in EPLAN

EPLAN 新平台不再使用菜单和工具栏，而是借助功能区为导航器和图形编辑器选择命令。功能区和人们比较熟悉的办公产品功能区具有相同的功能和结构，将鼠标放置在界面上方空白处，右击鼠标便可以看到有关功能区的一些设置，在这里可以对功能区进行一些个性化定制，如图 3-5 所示。

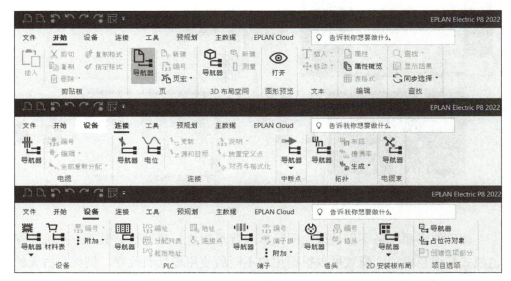

图 3-5　功能区展示

相较于以往软件界面，EPLAN 新平台新的功能区具有以下优势：

➢ 更轻松的访问功能。

➢ 更简化的菜单结构。

➢ 简化图标，更好的可视化。

➢ 对 EPLAN 新用户更友好。

➢ 更舒适的功能组合，可以根据工作流程对功能进行分组。

➢ 新的【告诉我你想要做什么】搜索框。这是一个万能搜索框，EPLAN 软件中所有的功能用户都可以通过这里进行搜索。通过搜索框，用户可在功能区中快速搜索当前情况所需的功能（如导航器、新建、编号），如图 3-6 所示。

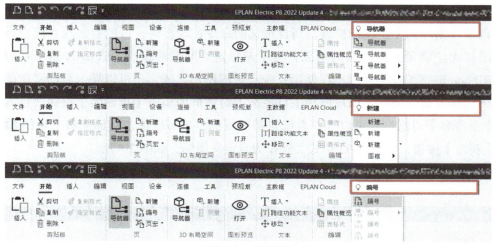

图 3-6　搜索框

提到 EPLAN 新平台的全新界面，就不得不提新融入的 Ribbon 元素。因为 EPLAN 新平台使用了 Ribbon 技术，所以旧版本定制的工具栏、工作区域已经无法在 EPLAN 新平台中使用，用户需要重新定义功能区和快速访问工具栏，实现快速访问的目的。用户可以将一些常用的命令都集中到一个选项卡中，这种定义方法可以减少鼠标单击和移动次数，避免在各个选项卡之间来回切换而浪费时间。用户可以通过右击功能区空白区域，在弹出的快捷菜单中可以看到【自定义功能区】【导入功能区】【导出功能区】等命令，如图 3-7 所示。功能区的定制方法请参考 3.5.1 节的自定义工作区域内容。

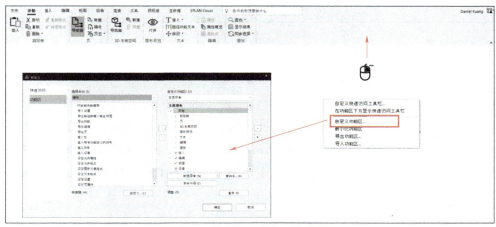

图 3-7　【自定义功能区】命令

　　EPLAN 新平台发布之初，用户在功能区中自定义命令时，只能使用系统自带的图标，无法进行扩展，当自定义的命令比较多时，可能会出现系统自带图标无法满足用户需求的情况。为了避免这类问题的出现，EPLAN 新平台对 Ribbon 进行了优化，用户在使用系统自带的图标之外，还可以导入自己喜欢的图标作为命令图标。用户可在【自定义】对话框中单击【重命名】按钮，进入【重命名】对话框，可以选择系统自带的图标，也可以单击对话框右上角的 【新增】按钮，添加 SVG 格式文件作为自定义图标，如图 3-8 所示。

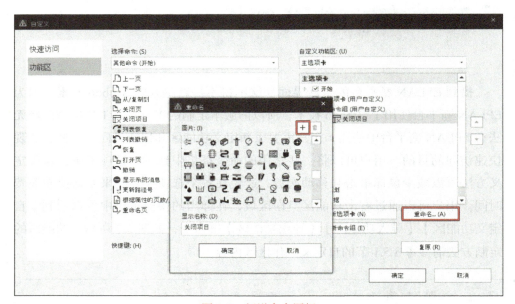

图 3-8　新增命令图标

> 💡 **提示：**
>
> 　　可缩放矢量图形（Scalable Vector Graphics，SVG）是一种用于描述二维的矢量图形，基于 XML 的标记语言。作为一个基于文本的开放网络标准，SVG 能够简洁地渲染不同大小的图形，并与 CSS、DOM、JavaScript 和 SMIL 等其他网络标准无缝衔接。

3.5　自定义工作区域与快捷键设置

3.5.1　自定义工作区域

在重新设计用户界面时，EPLAN 的软件开发团队为用户准备了依据工作流程而优化的人机交互界面（EPLAN 默认界面），除此之外，EPLAN 新平台也给每一位用户提供了个性化定制界面的功能。

为了高效地进行绘图工作，在面对不同的设计场景时，需要使用不同的工具菜单、导航器窗口等，这些均可以通过工作区域来实现快速切换。这里，EPLAN 新平台需要引入一个"工作区域"的概念，工作区域是指在使用 EPLAN 新平台进行图纸绘制过程中用到的一些组件，如功能区、快速访问工具栏、绘图区域、导航器、插入中心、图形预览等，都是工作区域的组成部分。用户可以根据自己的喜好调整这些元素，自定义一个属于自己的工作区域。EPLAN 新平台也支持用户定制多个工作区域，通过功能区右侧【选择工作区域】按钮就可以快速切换各个工作区域，【选择工作区域】按钮如图 3-9 所示。

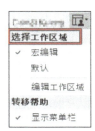

图 3-9　【选择工作区域】按钮

用户要如何才能定制个性化的工作区域呢？在图 3-9 中可以看到四个工作区域命令，其中 EPLAN 新平台推荐两个工作区域命令，即【默认】工作区域命令和【宏编辑】工作区域命令，前者针对原理图项目绘制，后者针对宏项目绘制。

工作区域创建的步骤如下：

1）创建新的工作区域，单击【选择工作区域】→【编辑工作区域】命令，如图 3-10 所示。

2）在弹出的【工作区域】对话框中，单击 ➕ 按钮，在弹出的【新配置】对话框中输入新工作区域的名称及描述，如图 3-11 所示。

图 3-10　【编辑工作区域】命令

3）单击【工作区域】对话框中的【确定】按钮，一个新自定义的工作区域命令创建完成。用户可以在【选择工作区域】按钮下查看创建成功的用户自定义的工作区域命令，如图 3-12 所示。

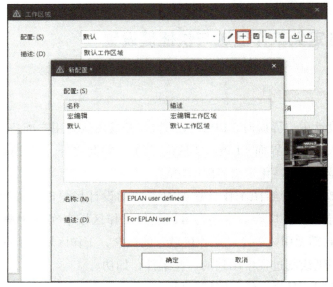

图 3-11 【工作区域】和【新配置】对话框

图 3-12 新建用户工作区域命令

💡 提示：

在【工作区域】对话框中，用户还可以进行当前工作区域的编辑、保存、复制、删除以及导入/导出操作，如图 3-13 所示。

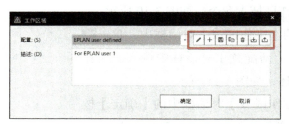

图 3-13 【工作区域】对话框操作

　　工作区域命令创建成功之后，还需要定义工作区域。EPLAN 新平台的绘图区域、导航器和图形预览窗口的定义和旧版本相同，通过拖拽就可以完成界面的设定，此处不再赘述。而与旧版本不同之处在于快速访问工具栏和功能区的自定义方式。

　　以功能区为例，首先用户需要打开并调出【自定义功能区】，具体操作为右击功能区空白区域，在弹出的快捷菜单中选择【自定义功能区】命令。在弹出的【自定义】对话框中，用户可以进行功能区的自定义（快速访问工具栏的自定义同理），如图 3-14 所示。

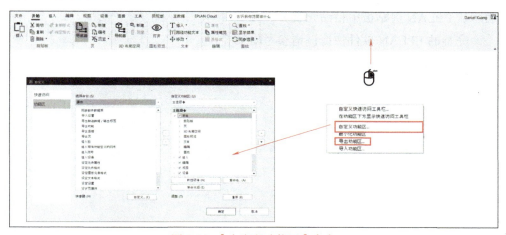

图 3-14　【自定义功能区】命令

　　EPLAN 新平台的用户可以选择命令，将需要用到的命令分配给用户自定义命令组，以此来自定义功能区。功能区中的命令主要包括来自主选项卡的命令、使用频率很低的选项卡命令（即其他命令）和操作。此外，用户还可创建自己的选项卡，重命名当前选项卡并更改功能区中的顺序。用户在自定义功能区时会涉及以下操作：

　　➤ 新选项卡：创建自己的选项卡。

　　➤ 重命名：重命名当前选项卡，并通过功能区右侧▲▼图标更改顺序。

　　➤ 新命令组：在自定义功能区时通过命令行控制可用的操作，因此需要在选项卡内新建命令组并重命名命令组。可以在此处自定义命令行并选择要在功能区中用于显示命令的预定义图片。

　　➤ 复原：使用相应选项卡上的【复原】按钮将工具栏或功能区重新重置为默认状态。

3.5.2　快捷键设置

快捷键又称为快速键或热键，指通过某些特定的按键、按键顺序或按键组合来完成一个操作，很多快捷键往往与如〈Ctrl〉键、〈Shift〉键、〈Alt〉键等配合使用。快捷键可以代替鼠标做一些工作，如打开、关闭和导航菜单栏以及某些特定的指令。一般来说，用户需要操作鼠标多次单击的命令，通过快捷键可以一次完成，提升工作效率。EPLAN 软件常用的快捷键有很多，例如，〈F〉表示查找功能，跳至配对物；〈Ctrl+C〉表示复制元素到 EPLAN 剪贴板；〈Ctrl+V〉表示从 EPLAN 剪贴板中粘贴元素。

完整的 EPLAN 软件快捷键请参考附录。

第 4 章
EPLAN 新平台部件管理

部件是 EPLAN 重要的主数据之一，是原理图项目绘制的基石。EPLAN 新平台采用新数据库技术，对部件管理进行了重新定义。本章主要介绍 EPLAN 新平台部件管理的相关内容。

4.1 EPLAN 新平台部件管理简介

当用户打开 EPLAN 新平台【部件管理】对话框时，会发现其界面与以往版本的界面不同。为了能够在【部件管理】对话框右侧区域更方便、更清晰地操作部件属性（以及其他数据集类型的属性），EPLAN 新平台【部件管理】对话框将许多选项卡进行了合并、调整。例如，EPLAN 新平台将常规数据、安装数据、技术数据等属性合并到了【属性】选项卡中，如图 4-1 所示。

EPLAN 新平台的部件库取代了旧版本后缀为 "*.mdb" 的数据库，新部件库采用后缀为 "*.alk" 的 EPLAN 软件内部格式，且具有相应目录后缀为 "*.adb" 的新部件数据库。由于报表结构的更改，用户在 EPLAN 新平台上使用 SQL 服务器时，必须使用新的 SQL 数据库，该数据库的要求请参考 2.2.2 节的软件配置要求。EPLAN 2.9（或更老版本）的部件库在数据库升级之后，旧版本的数据库可以在 EPLAN 新平台上使用，只需要在新的部件管理中将旧部件库迁移到新的部件库中即可，详情请参考 4.2.1 节。EPLAN 新平台的部件库不能直接用于 EPLAN 2.9（或更老版本），但 EPLAN 新平台的部件可以迁移到旧部件库（通过操作：同步部件库）。虽然用户可以正常打开部件库，但无法编辑部件库的信息。

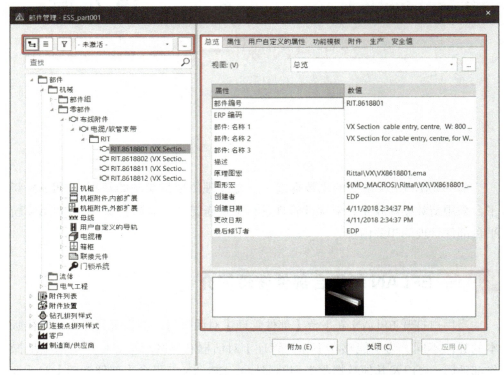

图 4-1 【部件管理】对话框

4.2　EPLAN 新平台部件库迁移

4.2.1　旧部件库迁移至 EPLAN 新平台部件库

用户可以通过部件管理来进行部件库的迁移。

部件库迁移操作路径：单击【主数据】→【管理】→【部件管理】；在【部件管理】对话框空白区域右击，在弹出的快捷菜单中选择【设置】命令；在【设置部件（用户）】对话框中选择数据库源，如图 4-2 所示。

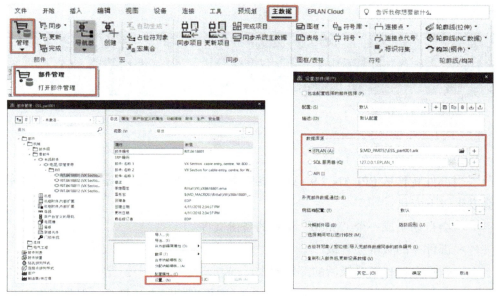

图 4-2　部件库管理

EPLAN 新平台支持三种形式的数据库，分别是 EPLAN 数据库、SQL 数据库、API 数据库，选中需要迁移的旧版本部件库之后，系统会弹出【新的部件数据库技术】对话框，并提示【新部件数据库技术的部件数据库不存在。是否应从旧的部件数据库生成部件数据库？】，如图 4-3 所示。

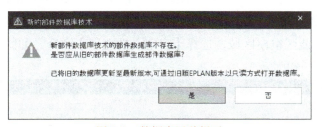

图 4-3　数据库迁移提示

单击【是】按钮即可完成旧部件库到 EPLAN 新平台部件库的迁移。部件库迁移完成之后，还需要进行部件库的同步，同步部件库之后，用户就可以正常使用部件库了。

部件库同步操作路径：单击【主数据】→【同步】→【当前项目同步（部件数据）】，如图 4-4 所示。

图 4-4　部库同步

当部件转移从 EPLAN 2.9（或更老版本）迁移到 EPLAN 新平台时，部件库会发生以下变化：

　➢ 会自动生成一个 ".mdb" 格式的备份文件。

　➢ 部件库的版本会升级。

　➢ 数据会转移至升级后的部件库中。

　➢ 更新后的部件库可以被 EPLAN 2.9（或更旧的版本）打开，但是只能以只读模式打开，无法编辑。

4.2.2　EPLAN 新平台部件库迁移至旧部件库

EPLAN 软件不仅支持旧部件库到 EPLAN 新平台部件库的迁移，还可以实现 EPLAN 新平台到旧部件库的迁移。用户如果需要在旧版本中编辑 EPLAN 新平台部件库，需要通过 "同步部件数据库（XPamArticlesSyncAction）" 操作来完成。该操作步骤如下：

1）右击功能区空白区域，选择【自定义功能区】命令，如图 4-5 所示。

图 4-5　【自定义功能区】命令

2）在【自定义】对话框的【自定义功能区】栏里，单击【新选项卡】按钮，如图 4-6 所示。

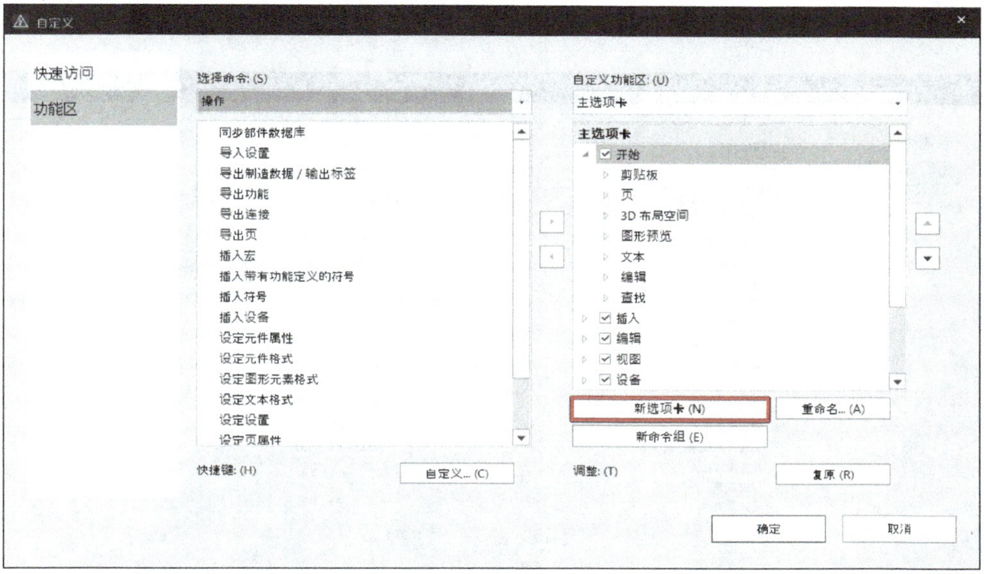

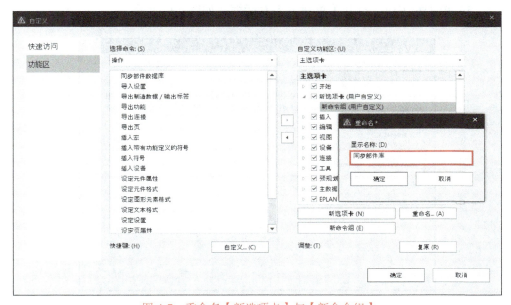

图 4-6　【新选项卡】按钮

3）重命名【新选项卡】与【新命令组】，如图 4-7 所示。

图 4-7　重命名【新选项卡】与【新命令组】

4）在【自定义】对话框中的【选择命令】栏里，在【操作】下拉列表框中选择【同步部件数据库】，如图 4-8 所示。

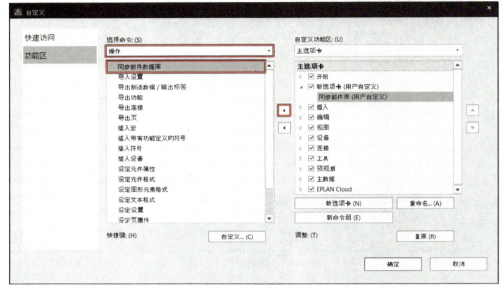

图 4-8 新增命令

5）单击 ▶ 按钮，打开【重命名】对话框，如图 4-9 所示。

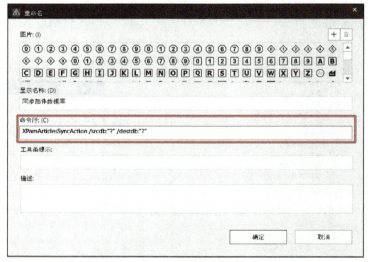

图 4-9 【重命名】对话框

6）填写如图 4-9 所示命令行代码，完成 EPLAN 新平台部件库到旧部件库的迁移。命令行代码填写说明如下所示：

命令行代码为 XPamArticlesSyncAction/srcdb："？"/destdb："？"

➤ XPamArticlesSyncAction：同步部件数据库代码

➤ srcdb：源部件库

➤ "？"：代表源部件库地址，用户需要在这里填写源部件库地址路径

➤ destdb：目标部件库

➤ "？"：代表目标部件库地址，用户需要在这里填写目标部件库地址路径

用户将命令行代码中的"？"改成相应的部件库地址路径即可。举例说明 EPLAN 数据库的部件数据同步操作：

XPamArticlesSyncAction/srcdb：

"C：\Users\Public\EPLAN 新 平 台 \Data\Parts\Company name 2022\ESS_part001.alk" /destdb：

"C：\Users\Public\EPLAN2.9\Data\Parts\Company name2.9\ESS_part001.mdb"

该操作是将 "C：\Users\Public\EPLAN 新平台 \Data\Parts\Company name 2022" 目录下的 EPLAN 新平台部件库 "ESS_part001.alk" 迁移为 "C：\Users\Public\EPLAN2.9\Data\Parts\Company name2.9" 目录下的旧版本部件库 "ESS_part001.mdb"。

SQL 数据库的部件数据同步同理。

第 5 章
EPLAN 新平台插入中心

插入中心是 EPLAN 新平台的亮点之一。使用 EPLAN 软件旧版本时，用户往往需要通过菜单栏中的【插入】菜单和右击插入菜单处理 80% 以上的插入工作，在 EPLAN 新平台中，这些快速插入的单一响应菜单全被融合至新的插入中心。

5.1 EPLAN 新平台插入中心介绍

插入中心可以理解为一个包括快速插入符号、设备以及宏的对话框，用户通过插入中心进行图纸设计，设计效率可以提升数倍。用户打开项目页或布局空间时，绘图区域右侧会自动弹出【插入中心】对话框，【插入中心】对话框由搜索和导航栏、文件夹/对象类型、信息区域、收藏夹与标记符、图形预览等几个部分组成，如图 5-1 所示。

相较于旧版本的插入模式，EPLAN 新平台插入中心优势很明显，例如：

➢ 插入中心会记住最近使用的对象。用户可以通过【最近一次使用的】文件夹，重新将已使用过的对象放置到项目中，通过此方式会让选择更加简便。

➢ 用户可以通过输入查找条件有针对性地查找所需对象。

➢ 用户可以将经常使用的对象定义在收藏夹中。

➢ 用户可以定义标记符（关键字）将对象进行分组，如制造商名称、对象描述等。

> 用户可以将收藏夹保存在用户设置中，将标记符保存在公司设置中，并且可以导入和导出配置（"*xml"文件），由此也可以在其他工作站上使用保存的信息。

图 5-1　【插入中心】对话框

💡 提示：

插入中心暂不支持插入页宏，用户可以通过单击【开始】→【页】→【页宏】→【插入】来插入页宏。

借助插入中心，可通过共同的对话框将不同对象如符号、设备以及窗口宏和符号宏直接插入到项目页或布局空间中。除此之外，对话框还提供了不同的快速访问方式，用户可以根据自己的习惯合理选择快速访问方式，提升设计效率。插入中心中有很多图标，如图 5-2 所示。

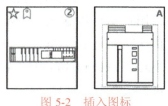

图 5-2　插入图标

这些图标代表当前对象的状态，图标含义如图 5-3 所示。

图标	含义
★	标记为收藏夹的对象
☆	未标记为收藏夹的对象
🔖	已分配标记符的对象
⬚	未分配标记符的对象
⑧	对象的可用变量数量
A	变量名称 (A - H)

图 5-3　插入中心图标含义

5.2　查找对象

【插入中心】对话框中的查找框可查找所有插入中心支持的对象类型，用户可以利用 EPLAN 软件自带的逻辑字符来辅助查找筛选，如图 5-4 所示。

EPLAN 自带的逻辑字符列举：

➤ 字符 *：模糊搜索任意数量的字符，"* 端子"就是在插入中心中查找所有与端子信息有关的所有对象。

图 5-4　查找框

➤ 空格符：AND"与"的意思。

➤ 字符 |：OR"或"的意思。

➤ 字符 –：NOT"非"的意思。

➤ 字符？：单个字符。

插入中心也支持标记符的查找，如果用户对特定的对象定义了标记符，那么用户也可以在插入中心中快速查找该对象，查找命令为"t：< 标记符 - 名称 >"。以电机为例，假设一个用户在日常设计中经常用到一个电机，型号为"SEW.DRN90L4/FE/THEW.DRN90L4/FE/TH"，用户想通过标记符快速搜索该电机，操作步骤如下：

在【插入中心】对话框的查找框内搜索电机型号"SEW.DRN90L4/FE/THEW.DRN90L4/FE/TH"，并加上标记符，如图 5-5 所示。

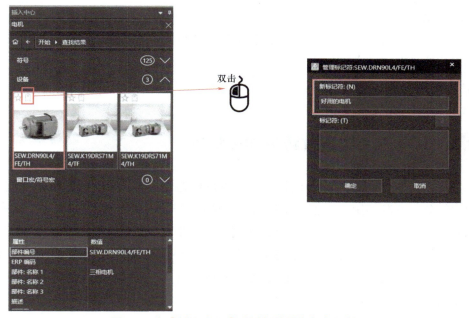

图 5-5　在【插入中心】对话框给设备加标记符

在【插入中心】对话框的查找框内输入"t：好用的电机"即可快速检索到该设备，如图 5-6 所示。

图 5-6　插入中心检索设备

提示：

同一个标记符下可以选择多个设备，用户可以通过查找标记符快速找到这些设备。

导入 / 导出收藏夹和标记符

用户定义好收藏夹和标记符之后，也可以通过导入 / 导出操作将收藏夹和标记符分享给其他用户，收藏夹和标记符导入 / 导出文件格式为 "*.xml" 格式，与 EPLAN 软件中其他配置文件格式相同。操作步骤如下：

➢ 导入 / 导出收藏夹操作：选择【设置：用户】对话框，单击 按钮，在弹出的【导出设置】对话框中勾选【插入中心收藏夹】复选框，单击【确定】按钮完成导入 / 导出收藏夹操作，如图 5-7 所示。

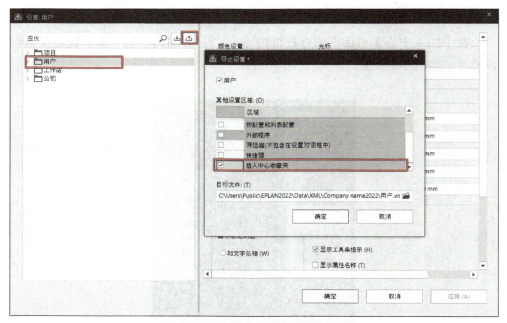

图 5-7　导入 / 导出收藏夹

➢ 导入 / 导出标记符操作：选择【设置：公司】对话框，单击 按钮，在弹出的【导出设置】对话框中勾选【插入中心标记符】复选框，单击【确定】按钮完成导入 / 导出标记符操作，如图 5-8 所示。

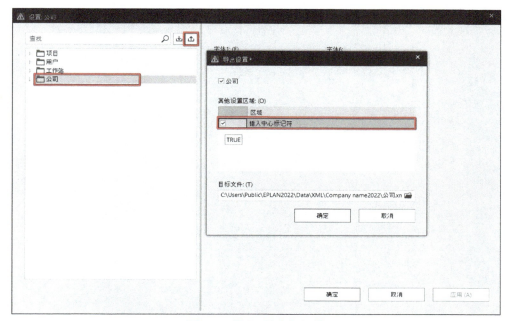

图 5-8　导入 / 导出标记符

第 2 部分　EPLAN 主数据标准化

第 6 章
EPLAN 主数据标准化介绍

用户在使用 EPLAN 软件时，经常会看到"主数据"这个词，也会有很多用户分不清 EPLAN 主数据，本章主要介绍 EPLAN 主数据的分类以及使用。

6.1　EPLAN 主数据与项目数据介绍

什么是主数据？广义上的主数据是指具有共享性的基础数据，可以在企业内跨越各个业务部门被重复使用的数据。那么 EPLAN 主数据就是指那些相对稳定、可以共享、重复使用、跨部门传递的数据。更具体地说，设计工程项目过程中需要用到的数据都是主数据。

EPLAN 主数据主要包括符号、图框、报表的表格、宏、项目模板和基本数据、翻译数据库、部件数据包括设备定义等、功能定义、图片文件、DXF/DWG文件以及 EPLAN 软件专用的权限数据库。

EPLAN 主数据包括原始主数据、系统主数据和项目主数据。原始主数据和系统主数据在用户安装软件时在对应的安装界面看到，用户可以将原始主数据和系统主数据分别安装在不同的路径下，如图 6-1 所示。

原始主数据是由 EPLAN 公司提供的主数据，其中包括用户含有 EPLAN 授权产品的所有数据。当软件版本升级或安装了新的软件模块时，原始主数据通常会发生变化。

系统主数据是指用户在使用 EPLAN 软件进行项目设计过程中所用到的主数据，可以理解为用户的"本地数据仓库"，存放着项目设计时的所有数据。在第一次启动 EPLAN 软件时，系统会自动将原始主数据的文件复制到系统主数据的文件夹下。只有当用户增加了自己定义的图框、符号库等主数据后，系统主数据的内容才会多于原始主数据。当软件版本升级或安装了新的软件模块时，系统主数据不会受影响。

Specify the target directories for the program files to be installed, the master data and the program settings.

Program directory:	C:\Program Files\EPLAN
EPLAN original master data:	D:\EPLAN2023\O_Data
System master data:	D:\EPLAN2023\Data
Company code:	Company name
User settings:	D:\EPLAN2023\Settings
Workstation settings:	D:\EPLAN2023\Settings
Company settings:	D:\EPLAN2023\Settings
Measuring unit:	⊙ mm ○ inch

Help　Default　Previous version　Back　Next　Cancel

图 6-1　数据安装路径

项目主数据是指用户进行项目设计时从系统主数据读取到的主数据，项目主数据可以与系统主数据同步。三者的关系如图 6-2 所示。

图 6-2　三个主数据的关系

提示：

　　1）安装多个版本时，原始主数据 O_Date 文件夹下会以版本号自动创建对应版本子文件夹。

　　2）图框、表格和符号等属于项目主数据，与项目一起保存。

　　3）项目主数据是存放在"*.edb"文件夹下的。

　　4）建议各位用户在安装 EPLAN 软件时，将【Company Code】填写上自己公司的英文简写名称。

6.2　EPLAN 主数据标准化介绍

　　通过以上信息介绍，用户可以了解到 EPLAN 主数据所涉及的数据类型多种多样，那在实际应用时如何将这些数据系统性地整理好，并在特定场景下使用呢？

　　在 EPLAN 软件的标准化项目中，最常见的是帮助用户定制一套属于自己的主数据体系，该体系主要包含项目模板、项目结构标识符、电气符号库、设备标识符、部件库、图框、表格等项目设计的基本数据。

6.3　EPLAN 主数据管理和应用

6.3.1　备份主数据

　　在 EPLAN 软件中不仅可以备份整个项目，还可备份主数据，其中包括基本项目、项目模板、符号库、图框、轮廓线、表格、宏、部件数据、字典以及与项目无关的设置。

　　主数据的备份与迁移是项目规划的重要组成部分，通过数据备份，用户可以备份和恢复自己创建的所有数据。

　　与项目相比，单独的主数据不能被锁定、导出或归档，这意味着总是要创建主数据的备份，并且将原始主数据留在硬盘上，同时这些数据还可继续编辑。只有在锁定、导出或归档整个项目时，才锁定、导出或归档附属的主数据。

当勾选【备份子目录】复选框时，在子目录中的文件将包含在备份文件中。图框或表格中的图形只有复制引入到图框或表格中，才能同时得到备份。但参考图形无法备份和恢复。

备份主数据的操作步骤包括：

1）用户进入 EPLAN Electric P8 界面，在菜单栏单击【文件】→【附加】→【组织】→【主数据】→【主数据备份】，如图 6-3 所示。

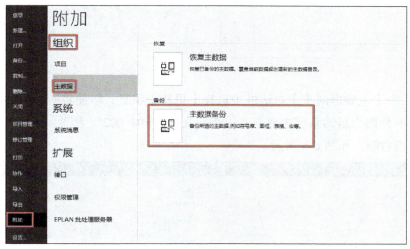

图 6-3 主数据备份

2）在【主数据备份】对话框中确定用于待备份主数据的设置。

3）单击【确定】按钮，如图 6-4 所示。

6.3.2 同步主数据

当主数据与项目数据不匹配时，用户可以通过以下步骤来同步主数据：

1）单击快速访问工具栏中【主数据】→【同步项目】，如图 6-5 所示。

图 6-4　主数据备份的设置

图 6-5　选择【同步项目】

2）在【主数据同步】对话框中选择【更新】项目，以便将所有旧的项目主数据全部替换为新的系统主数据。以表格文档"F04_002"为例，选中此项后将其复制到右侧，如图 6-6 所示。

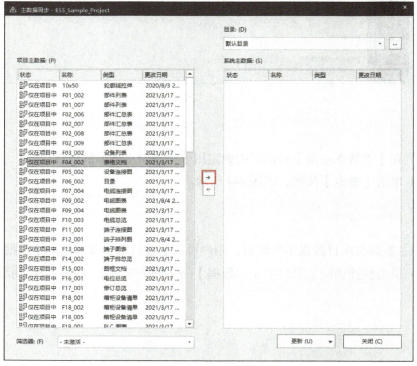

图 6-6　【主数据同步】对话框

3）单击【主数据同步】对话框中的【更新】按钮，如图 6-7 所示，将原项目主数据全面替换为新建系统主数据。

图 6-7　更新主数据

4）单击【关闭】按钮。

 提示：

1）在【主数据同步】对话框中巧用【筛选器】和【更新】下拉列表框，可以更有针对性地同步主数据，如图 6-8 所示。

2）关于主数据的其他操作，请使用 EPLAN 软件的帮助系统了解更多操作。

图 6-8　主数据筛选器选择

6.3.3　多个主数据在一个系统中的应用

公司可以设置多种用于不同设计内容的主数据，那么是否可以在同一台 PC 上部署不同的主数据？答案是肯定的。具体步骤如下所示。

1）创建不同的主数据文件夹，用于存放不同的主数据，如图 6-9 所示。

2）在【新配置】对话框中可以新建不同的【名称】和【描述】，如图 6-10 所示。

打开 EPLAN 软件的【设置：目录】对话框，单击【用户】→【管理】→【目录】，然后在右侧修改主数据的路径，如图 6-11 所示。

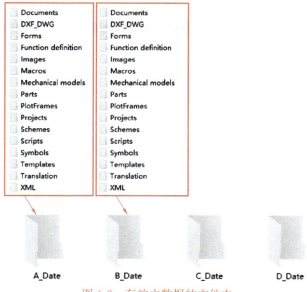

图 6-9　存放主数据的文件夹

图 6-10　【新配置】对话框

3）复制 EPLAN 软件的快捷图标，修改它的命令行，在后面添加参数
"/pathScheme：A"。注意这个参数前面有一个空格，不要与前面的参数连在一
起，如图 6-12 所示。

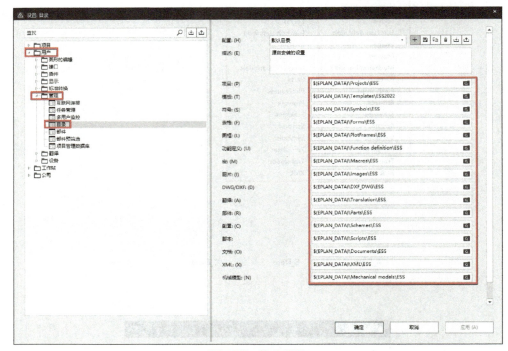

图 6-11　修改路径

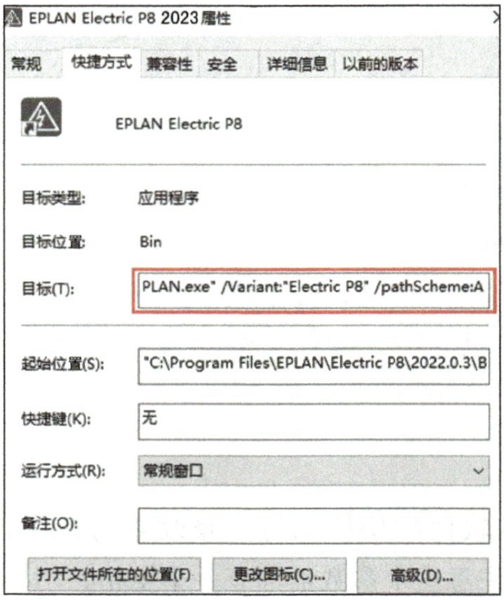

图 6-12　目标输入

　　这样一来，创建不同的快捷图标，再给予其独特的名字，就可以通过启动快捷方式的办法启动包含不同主数据的 EPLAN。不管有多少不同标准的项目在执行，使用同一套 EPLAN 软件，都可以调用不同的数据，如图 6-13 所示。

A项目　　　　　　B项目　　　　　　C项目　　　　　　D项目

图 6-13　项目快捷方式

第 7 章
基本项目制作

在使用 EPLAN 软件进行设计时，如何进行高效设计呢？选择合适的项目模板是一个快捷的方法，这是很多用户的心得，项目模板是用户可以在其中创建新项目的模板。在此，项目模板中的数据被导入新项目。EPLAN 软件提供了很多项目模板，当然也支持用户自己设置项目模板，需要注意的是 EPLAN 新平台要创建新项目，只能使用基本项目模板（"*.zw9"文件），原来的项目模板已取消。基本项目的优势明显，可以打包引入到项目中的主数据（如表格和符号）或参考数据（如图片文件），原有的项目模板格式在这些方面功能有限。

7.1 旧项目模板过期转换为基本项目办法

基本项目是创建新项目时需要的模板，基本项目的所有数据导入新项目。EPLAN 软件基本项目可以从"*.zw9"文件中创建新项目，并将 EPLAN 软件项目保存为"*.zw9"文件。

通常一个基本项目可包含项目设置、项目数据和主数据。

在【设置】对话框的项目设置中，如图 7-1 所示，可以找到与所编辑项目有关的设置。此外，还包含页结构和设备结构的配置。

➢ 所有项目数据：项目数据，如未放置的和放置在页面上的设备。

➢ 所有页面：导入位于基本项目中的所有页面。

➢ 主数据：存储在项目中的主数据，如表格和符号。

➢ 已复制引入的外部文档和图片文件：是指用户在链接时或稍候通过复制

引入文档（复制引入外部文档）直接复制到项目中的数据（对此须事先自定义功能区并将所需命令分配给用户自定义的命令组）。

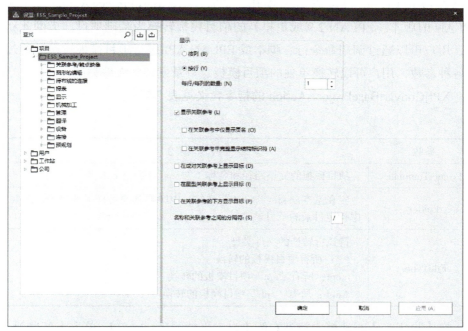

图 7-1　【设置】对话框中的项目设置

> 参考数据：在创建基本项目时，所有的参考数据都被存储在项目中。参考数据是和项目链接的数据，但不包含在项目中。其中还包含外部文档、附带文档和图片文件。为了能在一个基本项目中保存数据，这些数据必须位于可访问的本地驱动器或网络驱动器上。通过 HTTP 协议链接的数据未复制引入。

1. 示例模板

在安装 EPLAN 软件后，基本项目位于 "...\ 模板 \EPLAN" 和 "...\ 模板 \<公司标识>" 目录下，文件名称及含义见表 7-1。

表 7-1　文件名称及含义

文件名称	含义
IEC_bas001.zw9	已预设置 IEC 标识结构，包含主数据，如符号库、表格、图框
Num_bas001.zw9	已预设置顺序编号，包含主数据，如符号库、表格、图框
GOST_bas001.zw9	适用于根据 GOST 标准创建项目，包含主数据，如符号库、表格、图框

2. 操作步骤

在 EPLAN 软件使用过程中，由于版本的升级会有一些比较好的项目模板无法继续使用，用户可以通过操作"XPrjConvertBaseProjectsAction"将来自 EPLAN 旧版本（EPLAN 2.9 或更早）的项目模板转换为基础项目。借助此新操作，用户可以通过调用命令行、脚本或 EPLAN API 进行项目模板转换。通过指定各种参数，用户可以转换单独的项目模板、目录或某些文件类型。

XPrjConvertBaseProjectsAction 的指令含义见表 7-2。

表 7-2 指令含义

参数	描述
ProjectTemplate	项目模板的完整路径和名称（"*.ept"或"*.epb"）
Folder	应在基本项目（"*.zw9"文件）中转换其项目模板的目录，还要考虑指定目录的子目录
FileTypes	待执行转换的文件类型： *.*：所有项目模板的转换 *.ept：所有"ept"项目模板的转换 *.epb：所有"epb"项目模板的转换

在【自定义】对话框中找到右侧【自定义功能区：（U）】，单击【新选项卡】按钮新建【My Tab】选项卡，选择【新命令组】后单击【重命名】按钮，改名为【旧项目模板转换至基本项目（用户自定义）】，如图 7-2 所示。

图 7-2 【功能区】设置

随后在【选择命令】栏中选择一个命令，如【导入设置】。选中后单击向右箭头 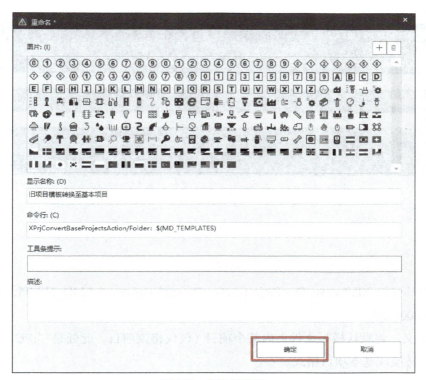 按钮，修改显示名称，编辑命令组的命令行内容：

XPrjConvertBaseProjectsAction/Folder：$（MD_TEMPLATES）

再单击【确定】按钮就制作成功了，如图 7-3 所示。

图 7-3　命令行设置

随后在【自定义功能区】栏中选择【My Tab（用户自定义）】复选框，并单击【旧项目模板转换至基本项目（用户自定义）】，便可以看到后台执行该命令下的命令进度条，如图 7-4 所示。

3. 其他按钮命令行补充和含义解释

命令行：XPrjConvertBaseProjectsAction/Folder：$（MD_TEMPLATES）

含义：将默认模板文件夹内所有的项目模板转换成基本项目格式（旧的格式同时也会被保留）。

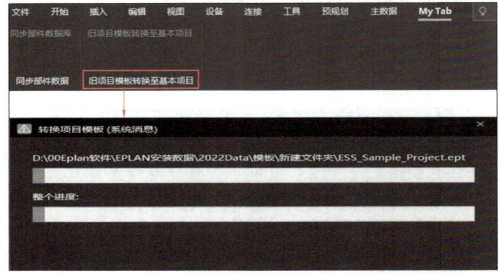

图 7-4 【转换项目模板（系统消息）】界面

4. 可替换命令组的命令行

命令行：XPrjConvertBaseProjectsAction/ProjectTemplate：$（MD_TEMPLATES）\ IEC_tpl001.ept

含义：将默认模板文件夹内某个项目（仅仅将该项目，此处是"IEC_tpl001. ept"）转换成基本项目格式。

命令行：XPrjConvertBaseProjectsAction/ProjectTemplate：$（MD_TEMPLATES）/ FileTypes：*.ept

含义：将默认模板文件夹所有的".ept"文件转换成基本项目格式。

5. 其他示例

转换单独项目模板：

```
XPrjConvertBaseProjectsAction
/ProjectTemplate:$(MD_TEMPLATES)\IEC_tpl001.ept
XPrjConvertBaseProjectsAction
/ProjectTemplate:$(MD_TEMPLATES)\GES_SBP.epb
```

转换一个目录中的所有项目模板：

```
XPrjConvertBaseProjectsAction
/Folder:$(MD_TEMPLATES)
```

转换一个目录中的特定文件类型：

```
XPrjConvertBaseProjectsAction
/Folder:$(MD_TEMPLATES)
/FileTypes:*.ept
```

7.2　创建基本项目

　　EPLAN 软件新建项目时必须指定一个模板，使用模板可在现有数据的基础上创建新的项目。新项目的模板有两种，分别是项目模板和基本项目。项目模板有两种文件类型，分别为 "*.ept" 和 "*.epb" 文件，由于 "*.epb" 文件不能从 EPLAN 项目中创建，所以一般只使用 "*.ept" 文件。基本项目文件类型为 "*.zw9"，除包含项目模板的内容外，还包含主数据、已复制引入的外部文档和图片文件、参考数据，可通过项目菜单或项目管理创建基本项目。EPLAN 新平台已取消了项目模板，故仅对基本项目进行着重介绍。如果从现有的项目中创建基本项目，则整个项目被存储在基本项目中。"*.zw9" 文件实际上就是一个压缩文件，包含了用于创建基本项目的现有项目的所有文件和目录。在 EPLAN 新平台中项目模板已取消，只需要选择合适的基本项目即可，这样可以大幅度提高用户的工作效率以及项目的标准化程度。

　　项目模板也包含项目设置、项目数据和主数据。关于项目设置，用户可以从【文件】→【设置】→【项目】→【项目名称】下的设置选项来对所选项目进行设置。同时，项目设置还包含页结构和设备结构的配置。

　　➢ 已复制引入的外部文档和图片文件：是指用户在链接时或稍候通过复制引入文档（复制引入外部文档）直接复制到项目中的数据（对此须事先自定义功能区并将所需命令分配给用户自定义的命令组）。

　　➢ 参考数据：在创建基本项目时，所有的参考数据被存储在项目中。参考数据是和项目（如通过超链接）链接的数据，但不包含在项目中。其中还包含外部文档、附带文档和图片文件。为了能在一个基本项目中保存数据，这些数据必须位于可访问的本地驱动器或网络驱动器上。通过 HTTP 协议链接的数据未复制引入。

　　新建一个基本项目，需要打开一个需要制作模板的源项目，根据要求将项目属性设置好。用户可通过以下两种方法来创建基本项目：

　　方法一：进入 EPLAN Electric P8 后，单击【文件】→【附加】→【组织】→【项目】→【创建基本项目】，如图 7-5 所示。

图 7-5　创建基本项目

　　然后在【创建基本项目】对话框中选择文件名以及路径位置，单击【保存】按钮即可完成基本项目的创建，如图 7-6 所示。

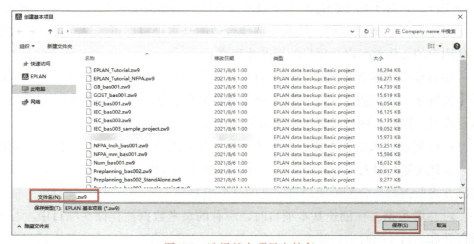

图 7-6　选择基本项目文件名

方法二：单击 EPLAN Electric P8 界面右侧【选择工作区域】→【显示菜单栏】，如图 7-7 所示，菜单栏即可显示。单击菜单栏的【项目】→【组织】→【创建基本项目】，紧接着就可以打开常见项目模板的界面。

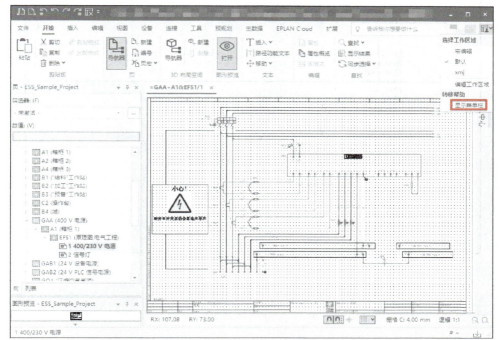

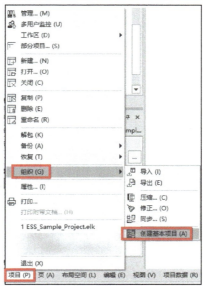

图 7-7　创建基本项目

　　为用户的项目输入文件名，单击【保存】按钮，模板创建完成，如图 7-8 所示。

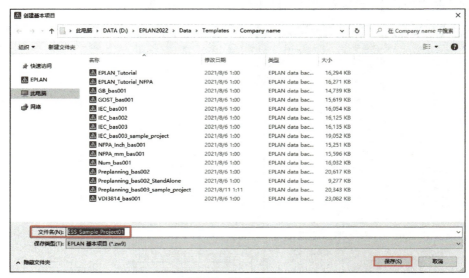

图 7-8　输入文件名

第 8 章
项目结构标识符管理

在项目编辑时，用于标识块如"高层代号"或"位置代号"等的结构标识符不仅要在页面编辑和原理图中定义，而且还要在中心位置创建、修改和移除。结构标识符管理可使这些标识集中编辑，在图纸中使用结构标识符可以使用户的图纸管理和查找更加方便。

8.1 打开和关闭项目"ESS_Sample_Project"

"ESS_Sample_Project"是 EPLAN 公司提供的标准示例项目。

打开项目的操作步骤：在 EPLAN Electric P8 界面中单击【文件】→【打开】→【浏览】，在弹出的【打开项目】对话框中，在默认文件路径下选择"ESS_Sample_Project"。EPLAN 新平台支持直接打开的扩展文件名多达八种（在以前 EPLAN 2.9 的版本下只能打开两种可编辑的项目文件格式，即".elk"和".ell"），尤其是".zw1"作为项目备份的格式可以直接被打开，如图 8-1 所示。

提示：
*.elk：标准的 EPLAN 项目
*.elp：打包的 EPLAN 项目
*.els：归档的 EPLAN 项目

*.elx：归档并打包的 EPLAN 项目

*.elr：已完成的 EPLAN 项目

*.ell：带修订信息的 EPLAN 项目

*.elt：临时 EPLAN 参考项目

*.zwl：已备份的 EPLAN 项目

*.ela：已存档的 EPLAN 项目

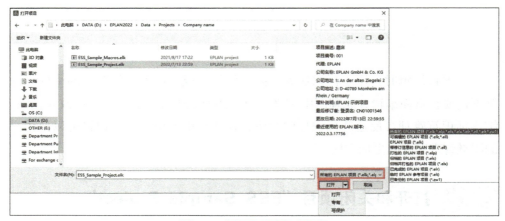

图 8-1　【打开项目】对话框

8.2　复制粘贴"ESS_Sample_Project"并重命名项目

操作步骤如下所示：

1）打开文件：打开默认文件夹下的"ESS_Sample_Project.elk"文件。

2）复制项目：打开"ESS_Sample_Project.elk"后，单击【文件】选项卡中的【复制】按钮，弹出如图 8-2 所示的【复制项目】对话框。在该对话框内，用户可以选择全部以及是否含报表等项目内容的复制。

3）重命名项目：单击【复制项目】对话框的【目标项目】右侧的，进入目标项目的路径，在此用户可以进行目标项目名称的修改，如图 8-3 所示，修改文件名后单击【保存】按钮，即可回到【复制项目】对话框，单击【确定】按钮，复制的项目名称修改完毕。用户也可以选择在【项目管理】菜单中进行重命名。

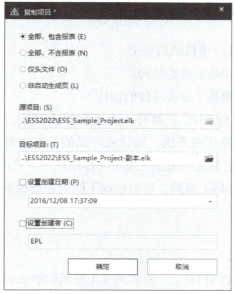

图 8-2　【复制项目】对话框

图 8-3　目标项目名称的修改

8.3 原理和参考

通常 EPLAN 软件的项目结构是指:

> 文档的结构,即基于页的结构。

> 对象的结构,即基于设备部件的结构。

据国际电工委员会(IEC)解释,为了有效地设计、制造、操作和维护系统、装置或产品,有关这些系统、装置或产品的信息通常被分配至部件或对象中。对象的建立以及它们之间关系的组织叫作结构化,其结果叫作结构。

标准文档 IEC 81346-1 提到,可以根据不同的方面识别不同的结构,例如:

> 面向功能结构。

> 面向位置结构。

> 面向产品结构。

根据标准文档 IEC 81346-1,对如图 8-4 所示的磨床设备来说,用户会从以下几个方面进行思考:

1)功能方面(=):该磨床设备的功能是什么?是否有运输功能?

2)位置方面(+):该磨床设备计划或实际装配的位置在哪里?机械设备应有自己的安装位置,控制柜和操作箱也应有自己的安装位置。

3)产品方面(-):该磨床设备通过什么方式实现它的功能?

经过以上分析,把磨床设备从机械功能(=)和安装位置(+)方面拆解。

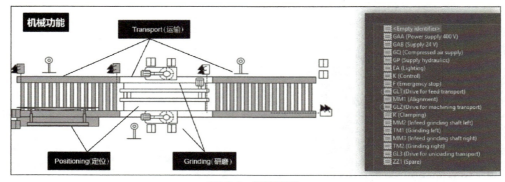

图 8-4 磨床设备

从功能方面可以将磨床设备分解成如"运输""研磨""定位"等，列出功能清单和所对应的高层代号（=）缩写，如图 8-4 右侧所示。

从位置方面可以将磨床设备分解成"机械设备""电气柜""操作箱"等，列出位置清单和所对应的位置代号（+）缩写，如图 8-5 所示。

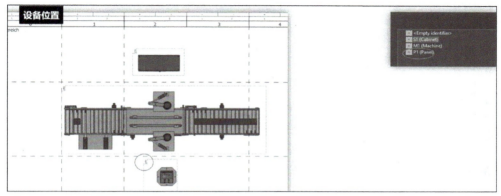

图 8-5　设备位置

而关于文档类型（&）的管理可参考标准文档 IEC 61355，该标准文档指出文档类型编号由三个标识字母 A1、A2、A3 组成，前面加上"&"。A1 表示技术领域代码字母，A2 表示主要类的代码字母，A3 表示子类的代码字母。

例如：&EFS，A1→&E 表示电气工程，A2→F 表示功能描述型文档，A3→S 表示电路回路文件。

8.4　项目属性中的结构

EPLAN 软件的用户借助标识块确定在【项目属性】中的页结构和设备结构中进行用户自定义的标识结构，如果是通过基本项目模板生成的项目，则项目结构标识块可以得到统一，如需修改则需要在此修改。

具体方法：【文件】→【信息】→【项目属性】→【结构】，如图 8-6 所示。

➢ 页结构：从【页】下拉列表中选择一个可用的标识符配置，如图 8-7 所示，或单击□按钮，以通过【页结构】对话框确定一个用户自定义的页结构可创建、编辑和管理配置，如图 8-8 所示（例如，需高层代号 =，便需要在高层代号数值上选择【标识性】）。

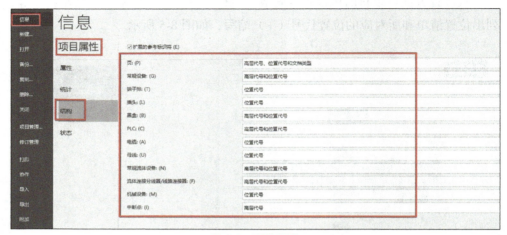

图 8-6　项目属性

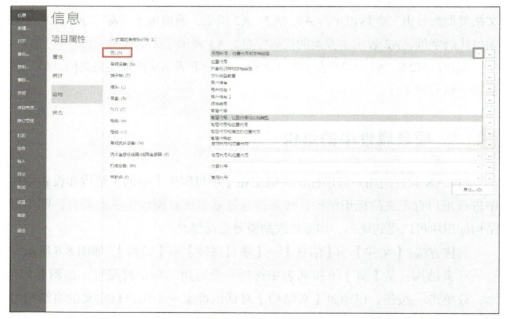

图 8-7　选择页结构

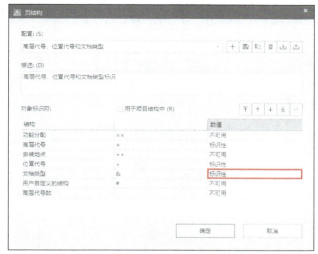

图 8-8　配置页结构

➢ 设备结构：比如有"常规设备""端子排""电缆""黑盒"等。以常规设备为例，从【页】下拉列表中选择一个可用的标识符配置，如图 8-9 所示，或单击▭按钮，以通过【设备结构】对话框确定一个用户自定义的设备结构可创建、编辑和管理配置，如图 8-10 所示。

图 8-9　选择常规设备结构

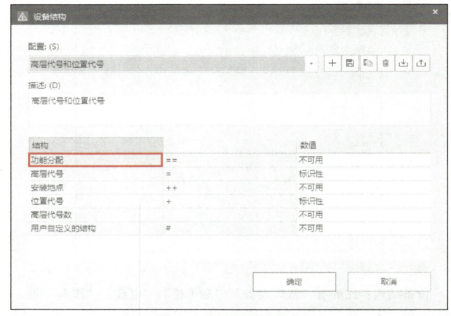

图 8-10　配置常规设备结构

➢ 如果需要使用子标识符，则通过【其他】按钮转到扩展的【项目结构】对话框，并在这里选择一个分隔符。

标识符属于标识性属性，可定义为如下结构：

➢ 用户自定义：自由层结构。

➢ ==：功能分配。

➢ =：高层代号。

➢ ++：安装地点。

➢ +：位置代号。

➢ -：设备标识符（带有前缀、标识字母、计数器、分隔符和子计数器）。

例如，页名 "=K1+A2&EFS1/1" 表示电气工程原理图的第一页 "&EFS1/1" 位于高层代号 "=K1"，位置代号是 "+A2"。设备标识符 "=AP+ST1-M1" 表示电机 "-M1" 位于高层代号 "=AP"，位置代号是 "+ST1"。

通过页结构项目属性，能够确定哪些属性可以清晰标识设备（如 "高层代号和位置代号" 或 "功能分配和安装地点"）。反之，在【属性（元件）：常规设备】对话框中可显示完整设备标识符，如图 8-11 所示，原理图内如何显示设备标识符（如带有前缀、子计数器等），这种显示格式不受项目结构的影响。

图 8-11　完整结构标识符显示

8.5 结构标识符管理

了解了项目结构的原理和参考，如何将这些理论知识应用到 EPLAN 软件中呢？在 EPLAN 软件中用户通常用以下符号表达对象不同方面的结构，如图 8-12 所示。

符号	EPLAN中符号对应称谓	参照符号类型	应用
=	高层代号	与物体的功能有关	工厂/线体名称
+	位置代号	与物体的位置有关	安装位置
−	设备标识	与物体产品本身有关	设备/组件基础信息

图 8-12　结构标识符符号

需要注意的是：在结构比较复杂的大型项目中，用户会用到 ==（功能分配）、++（安装地点）、#（用户自定义）、&（文档类型）等标识符来扩展表达对象和文档结构。

一个工程项目的设计必然会产生多种多样标识符，为了更高效地设计工程项目，EPLAN 软件将这些和结构相关的标识符进行统一管理。

在项目编辑时，用于标识块的结构标识符不仅可以在页编辑和原理图中定义，而且还可以在中心位置创建、修改和移除，如"高层代号（＝）"或"位置代号（＋）"等。结构标识符管理使这些标识可集中编辑，这种编辑器的主要任务是确定标识的顺序。它们与其他标识符相反，不是自动按照字母顺序排序，而总是依据结构标识符数据库中的顺序排序。

EPLAN 软件专用的结构标识符对于项目结构可是标识性的或仅是描述性的，可使项目根据项目视图、高层代号视图、位置视图等结构化，用户就可以按照自己的要求借助结构标识符配置页、设备标识符等。结构标识符可由一个单独的标识块或由一个多个标识块组合而成。

8.6　结构标识符编辑"ESS_Sample_Project"

在【工具】选项卡内找到【结构标识符】命令。

选中示例项目"ESS_Sample_Project"后，打开【结构标识符管理】对话框。

【结构标识符管理】对话框左侧是该项目标识性类型结构，右侧可选择这些标识性类型编号的表达方式，如图 8-13 所示为"＝高层代号"按照列表形式管理。

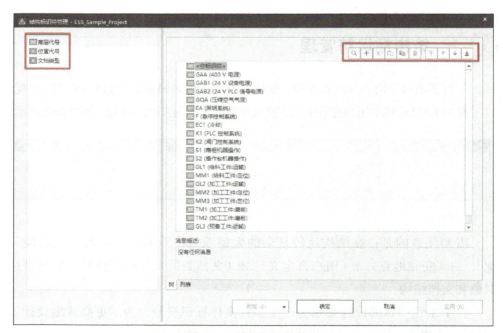

图 8-13　结构标识符管理

　　如果用户需要新增结构，可通过单击该对话框右上角的■按钮，新建条目并填充结构标识符缩写以及结构描述，如图 8-14 所示。

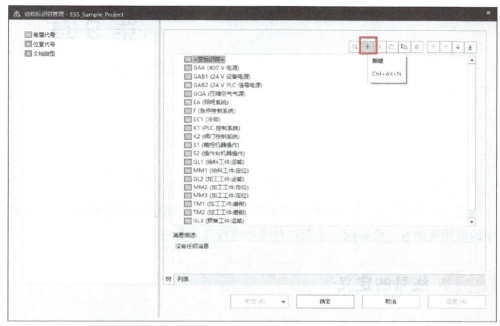

图 8-14　新增结构

第 9 章
线号规则编辑

逻辑设计完成之后，如何进行线号的定义？很多用户对线号在 EPLAN 软件中的使用规则有一些疑问，本章将对线号进行简单介绍。

9.1　线号的定义

线号是什么？根据 IEC 60204-2016 标准、IEC 61082-1-2014 标准以及 IEC 62491-2008 标准中的描述，用户可以得出结论：线号就是导线的标识，在 EPLAN 软件中称为连接编号。

线号存在的原因有以下两点：

1）认证标准的规定：用户所处的是机电设备制造领域，设计的最终目的是要将机器或设备制造出来。制造出来的设备在市场上销售，就必须要通过专业的认证，如美国 UL/CSA、欧洲 CE、中国 CCC。在认证所依据的标准中，就专门对线号有明确要求，标准中称其为"导线的标识"。

2）维护设备时的实际需要：当检修一台大型设备时，可以清楚地看懂原理图，但是如果在没有任何标识的情况下去准确找到对应的线束犹如大海捞针一般，不能很快地定位，因此通常设备都要标记线号。

9.2　设置和编辑线号

1. 对连接编号的设置

操作方式：在【设置：连接编号】对话框中，单击【项目】→【连接】→【连接编号】，如图 9-1 所示。

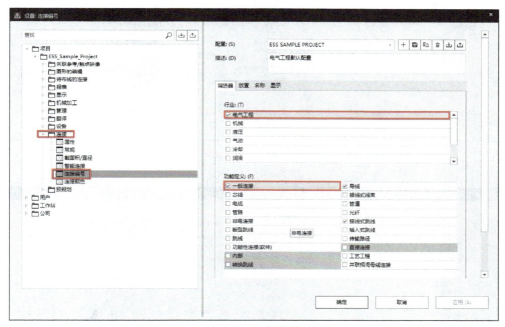

图 9-1　连接编号

在该对话框的【筛选器】选项卡中选择被放置的行业以及功能定义的范围，如图 9-2 所示。

在该对话框的【放置】选项卡中可以选择导线在图纸中的放置样式以及数量，如图 9-3 所示。

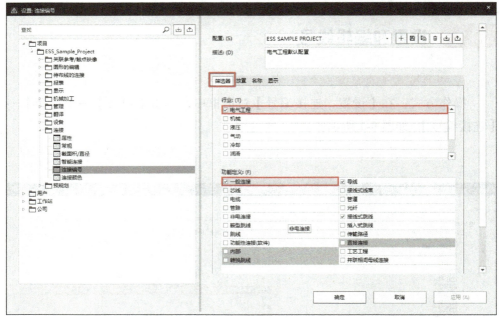

图 9-2 【筛选器】选项卡

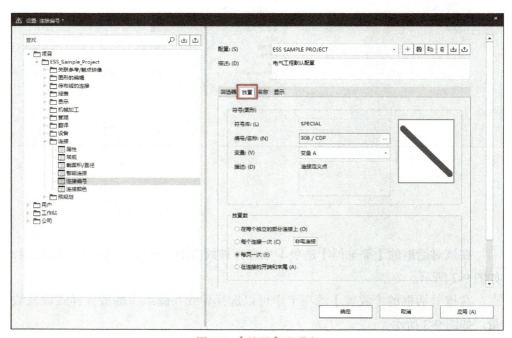

图 9-3 【放置】选项卡

在该对话框的【名称】选项卡中可以单击 + 按钮来定义线号命名的规则，如图 9-4 所示。

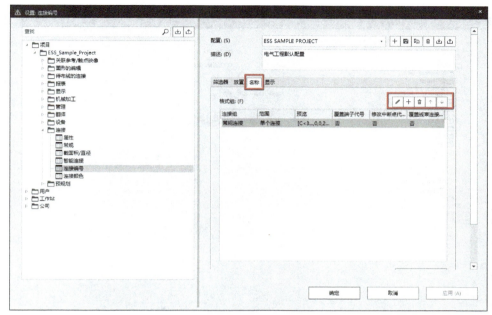

图 9-4 【名称】选项卡

2. 连接代号规则的编辑

用户可以通过如图 9-5 所示的【连接编号：格式】对话框，进行连接代号规则的编辑、增加、删除以及位置移动等操作。

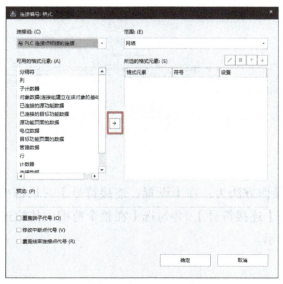

图 9-5 【连接编号：格式】对话框

在【设置：连接编号】对话框的【显示】选项卡中显示的间隔以及格式，如图 9-6 所示。

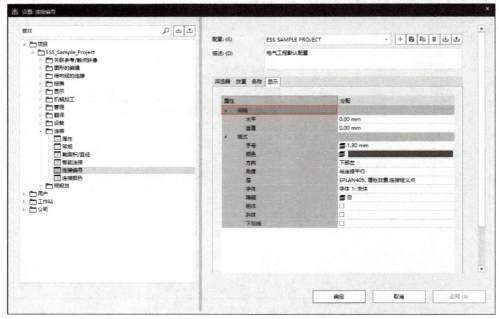

图 9-6　【显示】选项卡

连接编号的放置，操作方法为：选中要放置的项目，单击【连接】→【放置定义点】，如图 9-7 所示。

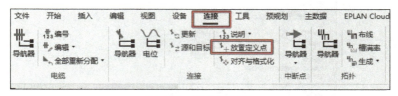

图 9-7　放置定义点

手动编辑，操作方法为：在【设置：连接符号】对话框中单击【用户】→【图形的编辑】→【连接符号】，并勾选【在整个范围内传输连接代号（A）】复选框，如图 9-8 所示。

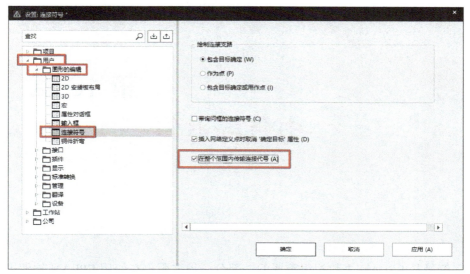

图 9-8　手动编辑设置

第 10 章
电气标准符号库介绍

符号是 EPLAN 主数据很重要的一部分，很多用户在使用 EPLAN 软件进行面向图形的设计时接触最多的就是符号，在其他设计方式中符号也是不可或缺的一部分。那么在 EPLAN 新版本中如何可以更高效地使用符号？本章将进行简单介绍。

10.1 符号

符号是用于显示功能的标准图形，一个符号库可包含任意多种符号，用户在编辑符号时不得打开和重写整个符号库。

EPLAN 软件中的符号包含一个图形、多个连接点和占位符（带有格式化及位置）。符号的逻辑通过功能定义来存储与识别，有了功能定义的符号就有了自己的组织和定位。在放置符号时，功能定义将自动录入保存在符号上元件的【功能定义】菜单中。后续在给符号元件选部件型号时，用户可根据符号的功能定义对符号进行设备选择，达到筛选部件库同类型部件型号的目的，如图 10-1所示。

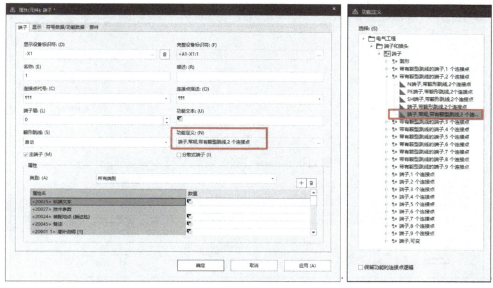

图 10-1 符号的功能定义

10.2 插入符号

插入符号操作方法为：进入 EPLAN Electric P8 操作界面，打开原理图后在界面右侧即可看到【插入中心】，选择【符号】，如图 10-2 所示，进入【符号选择】对话框，如图 10-3 所示。

在【符号选择】对话框里有六种符号库：

> SPECIAL 是 EPALN 软件自带的符号库。

> IEC_symbol 是基于 IEC 标准的多线符号库，用户设计推荐首选。

> IEC_topology_symbol_M20 是基于 IEC 标准的拓扑图符号库。

> GRAPHICS 是常用图样的符号库。

> PID_ESS 是管道及仪表流程图的符号库。

> PNEIESS 是启动设计的符号库。

选中符号后可通过双击符号或拖拽符号至设计区将符号插入。

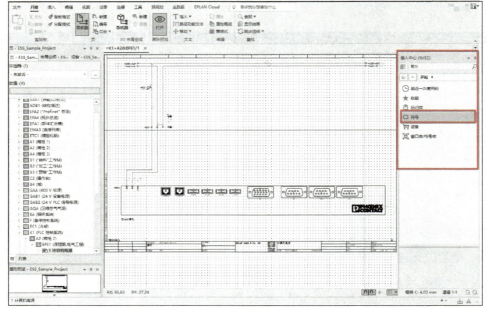

图 10-2　选择【符号】

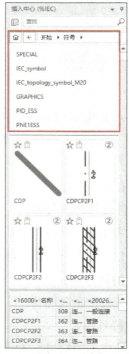

图 10-3　【符号选择】对话框

10.2.1 复制粘贴与多重复制符号

在复制符号时，创建一个原始符号的精确副本，这里可将符号从一个符号库传输到另一个符号库中，用户复制符号的前提是已打开了一个项目和至少一个符号库。

插入好的符号或者设备，选中对象后右击可对对象进行复制、粘贴、移动和多重复制，如图 10-4 所示。

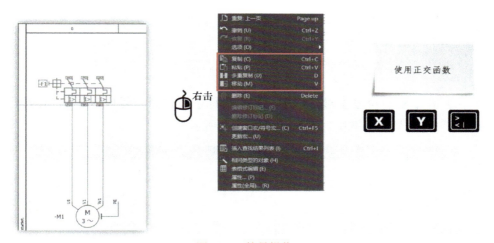

图 10-4　符号操作

复制符号具体操作步骤如下所示：

1）选择【主数据】→【符号】→【复制】，如图 10-5 所示。

图 10-5　【复制符号】命令

2）在【符号选择】对话框中标记想要复制的符号，如图 10-6 所示，在此可进行多项选择。

3）单击【确定】按钮。

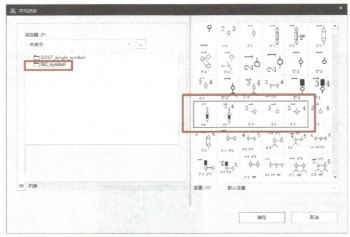

图 10-6　选择符号复制

4）在【复制符号】对话框中，在【目标】下选择符号应该复制到的符号库，打开【符号库】下拉列表框，如图 10-7 所示。

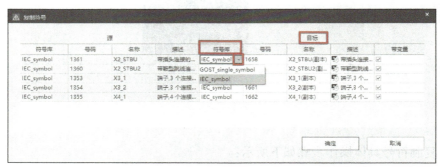

图 10-7　【复制符号】对话框

5）在【号码】框中覆盖预设置或打开还未分配数字的下拉列表框，如图 10-8 所示。

图 10-8　号码选择

6）在【名称】框中输入符号名称，即覆盖预设置，如图 10-9 所示。

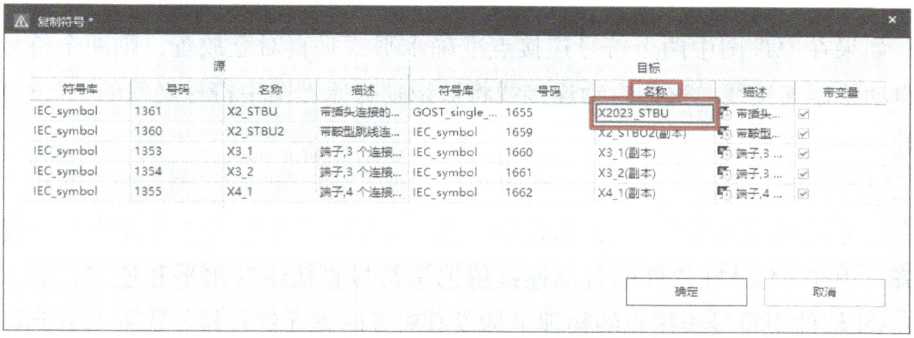

图 10-9　修改名称

7）在【描述】框中为符号输入一个描述性文本，如图 10-10 所示。

图 10-10　修改描述

8）如果要复制符号及其现有变量，就在【带变量】框中勾选复选框。如果已取消勾选复选框，则只复制第一个存在的变量。

9）单击【确定】按钮。

用户也可以用〈Ctrl+C〉、〈Ctrl+V〉、【拖放】等 Office 快捷键或功能直接对对象进行编辑。

EPLAN 软件自动生成已指定数量的对象副本，副本之间的间隙等于第一个副本选择的放置间距，即复制多个等距元素，【多重复制】对话框如图 10-11 所示。

图 10-11　【多重复制】对话框

10.2.2   连接符号

如果在原理图中两个符号连接点准确水平或垂直对立放置，则两个符号之间自动绘制连接线，这些自动连接线将被识别为原理图中符号之间的电气连接，并针对其生成报表。

常见问题：为何符号不能自动连接？

首先确认页类型是否为原理图类型，其次看符号是否落在栅格上且栅格对齐。由于 EPLAN 软件的自动连接依据是符号直接绝对水平和连接，那么在 EPLAN 软件中符号连接点的物理坐标没有对齐时则无法连接。需要对齐到栅格后再调整连接。

操作方法为：选中要对齐的元素，在【编辑】选项卡中选择【对齐到栅格】功能。

当符号连接点再设计时需要转弯调整连接方向、连接多支路（如串联和并联等）会遇到基础的符号对齐无法满足设计要求，此时需要通过连接符号来进行符号连接。

➢ 当只是图形表达连接时（即不存在格外物理连接件），则使用图形连接符号（如角、T 节点、十字接头、跳线和中断点），以便在原理图中显示连接线的方向改变和分路。无法将设备数据、符号数据、功能数据和部件数据等属性分配给这些原理图对象。在 SPECIAL.slk 符号库中管理连接符号；连接符号不具备功能定义，即不需要选型也不支持选型。

➢ 除了图形表达连接，还可以用设备连接符号表达连接（存在格外物理连接件，带功能定义、可支持选型）。连接符号包括连接分线器或线路连接器或母线，可将设备数据、符号数据、功能数据及部件数据等属性保存到这些连接符号上。可为这些对象的属性生成报表，如将其输出到连接列表和材料表中。

操作方法为：单击【插入】→【符号】，如图 10-12 所示。

图 10-12   插入符号

10.3　标准符号库介绍

符号库是用来管理符号的，一个符号库可包含任意个符号。在编辑符号时不得打开和重写整个符号库，而只能打开和重写修改的符号。这就减少了当多位使用者同时编辑符号库时可能出现的问题。

在项目中调用新符号库的操作方法为：在【设置：符号库】对话框中单击【项目】→【项目名称（ESS_Sample_Project）】→【管理】→【符号库】，如图 10-13 所示。

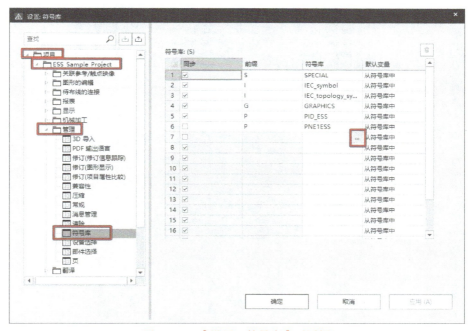

图 10-13　【设置：符号库】对话框

单击 ··· 可以看到（或自行打开安装包符号库默认路径 $（EPLAN_DATA）\符号\ESS），EPLAN 软件安装包自带符号库：符合 GB、HVAC、GOST、IEC、NFPA、PID 等，如图 10-14 所示，几乎可以满足所有设计场景的应用。

打开需要的符号库，符号库的设置就完成了。可以通过此操作更改项目的符号库设置。

GB_single_symbol.sdb	2022/2/5 8:58	文件夹
GB_symbol.sdb	2022/2/5 8:58	文件夹
GOST_single_symbol.sdb	2022/2/5 8:58	文件夹
GOST_symbol.sdb	2022/2/5 8:58	文件夹
GRAPHICS.sdb	2022/2/5 8:58	文件夹
GRAPHICS_en_US.sdb	2022/2/5 8:58	文件夹
HVAC_ESS.sdb	2022/2/5 8:58	文件夹
IEC_AS_ESS.sdb	2022/2/5 8:58	文件夹
IEC_EB_ESS.sdb	2022/2/5 8:58	文件夹
IEC_ED_ESS.sdb	2022/2/5 8:58	文件夹
IEC_SC_ESS.sdb	2022/2/5 8:58	文件夹
IEC_single_symbol.sdb	2022/2/5 8:58	文件夹
IEC_symbol.sdb	2022/2/5 8:58	文件夹
IEC_topology_symbol.sdb	2022/2/5 8:58	文件夹
IEC_topology_symbol_M20.sdb	2022/2/5 8:58	文件夹
IEC_topology_symbol_M50.sdb	2022/2/5 8:58	文件夹
IEC_topology_symbol_M100.sdb	2022/2/5 8:58	文件夹
NFPA_single_symbol.sdb	2022/2/5 8:58	文件夹
NFPA_single_symbol_en_US.sdb	2022/2/5 8:58	文件夹
NFPA_symbol.sdb	2022/2/5 8:58	文件夹
NFPA_symbol_en_US.sdb	2022/2/5 8:58	文件夹
OS_SYM_ESS.sdb	2022/2/5 8:58	文件夹
PID_ESS.sdb	2022/2/5 8:58	文件夹
PID_ESS_S50.sdb	2022/2/5 8:58	文件夹
SPECIAL.sdb	2022/2/5 8:58	文件夹
SPECIAL_en_US.sdb	2022/2/5 8:58	文件夹

图 10-14　多种符号库

第 11 章
设备标识字母

当用户使用 EPLAN 软件进行设计时，插入电气元件后，EPLAN 软件会自动分配显示设备标识符的字母，如继电器是 K、断路器是 F。设备标识符带前缀显示，有时设备标识字母以两个字母的形式展现，如 "-KM"、"-KF"、"-FA"、"-FC"，在 EPLAN 新版本中，设备标识字母支持三个字母的表现形式，如 "-KFA"、"-KFB"、"-FSD"。这是因为 EPLAN 软件根据最新的 IEC 标准对该部分设备标识符字母进行了规范。那么这种表现形式的含义是什么呢？第一个字母标识设备的大类，如果大类不能满足目前图纸里表示的含义，那么就需要再进行细致的划分，于是就需要第二个或者第三个字母，第二个字母表示子类，第三个字母表示孙类。

11.1 设置方法

用户可通过以下步骤来设置设备标识符：单击【文件】→【设置】→【项目】→【项目名称（ESS_Sample_Project）】→【设备】→【设备标识符】，如图 11-1 所示。

在【设置：设备标识符】对话框的【放置前缀】栏中，勾选设备组的复选框，应显示其带前缀的显示设备标识符，单击【确定】按钮进行保存。

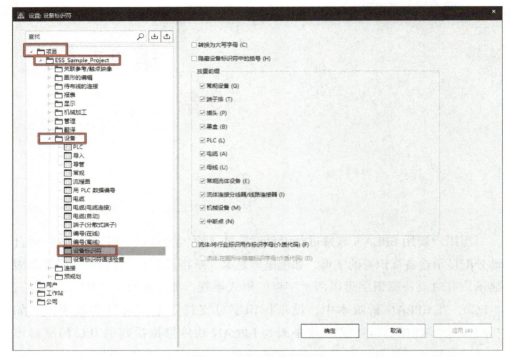

图 11-1　插入设备标识符

11.2　可选提示

用户也可以在放置完成之后，通过【显示设备标识符】框的右键进行更加详细的分类，操作如下：

1）选中该元件并右击，在弹出的快捷菜单中选择【属性】命令，即打开【属性（元件）：常规设备】对话框，在该对话框中右击【显示设备标识符】，在弹出的快捷菜单中选择【子类标识字母】命令，如图 11-2 所示。

2）在【选择子类标识字母】对话框中，根据元件分类选择合适的子类标识字母，如图 11-3 所示。

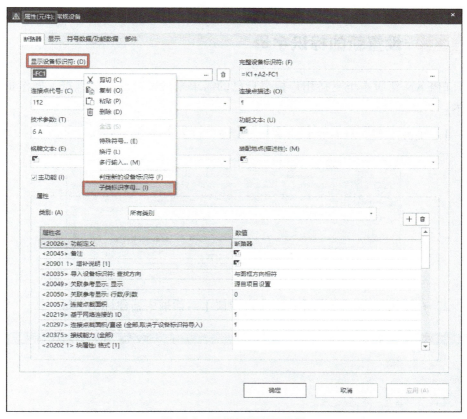

图 11-2　子类标识字母选择

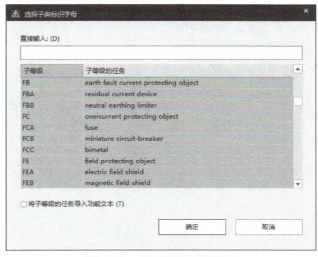

图 11-3　选择子类标识字母

11.3 设置新的标识字母

EPLAN 新版本也支持用户根据自己的需求来设置自己的标识符，操作步骤如下：

1）单击【主数据】→【符号】→【标识符集】命令，如图 11-4 所示。

图 11-4 【标识符集】命令

2）在如图 11-5 所示的【标识字母建议】对话框中新建标识字母。

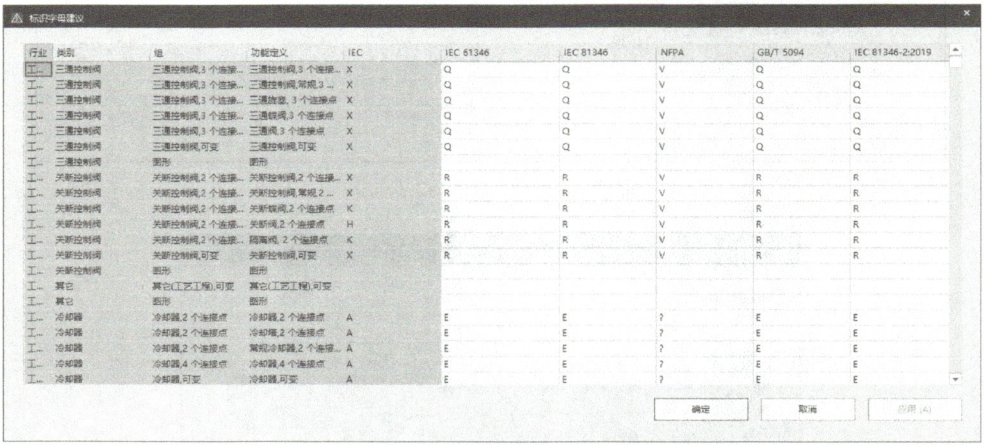

行业	类别	组	功能定义	IEC	IEC 61346	IEC 81346	NFPA	GB/T 5094	IEC 81346-2:2019
工	三通控制阀	三通控制阀,3 个连接...	三通控制阀,3 个连接点	X	Q	Q	V	Q	Q
工	三通控制阀	三通控制阀,3 个连接...	三通控制阀,常规,3 ...	X	Q	Q	V	Q	Q
工	三通控制阀	三通控制阀,3 个连接...	三通阀,3 个连接点	X	Q	Q	V	Q	Q
工	三通控制阀	三通控制阀,3 个连接...	三通阀,3 个连接点	X	Q	Q	V	Q	Q
工	三通控制阀	三通控制阀,3 个连接...	三通控制阀,3 个连接点	X	Q	Q	V	Q	Q
工	三通控制阀	三通控制阀,可变	三通控制阀,可变	X	Q	Q	V	Q	Q
工	三通控制阀	图形	图形						
工	关断控制阀	关断控制阀,2 个连接...	关断控制阀,2 个连接点	X	R	R	V	R	R
工	关断控制阀	关断控制阀,2 个连接...	关断控制阀,常规,2 ...	X	R	R	V	R	R
工	关断控制阀	关断控制阀,2 个连接...	关断阀,2 个连接点	K	R	R	V	R	R
工	关断控制阀	关断控制阀,2 个连接...	关断阀,2 个连接点	H	R	R	V	R	R
工	关断控制阀	关断控制阀,2 个连接...	隔离阀,2 个连接点	X	R	R	V	R	R
工	关断控制阀	关断控制阀,可变	关断控制阀,可变	X	R	R	V	R	R
工	关断控制阀	图形	图形						
工	其它	其它(工艺工程),可变	其它(工艺工程),可变						
工	其它	图形	图形						
工	冷却器	冷却器,2 个连接点	冷却器,2 个连接点	A	E	E	?	E	E
工	冷却器	冷却器,2 个连接点	冷却器,2 个连接点	A	E	E	?	E	E
工	冷却器	冷却器,2 个连接点	常规冷却器,2 个连接点	A	E	E	?	E	E
工	冷却器	冷却器,4 个连接点	冷却器,4 个连接点	A	E	E	?	E	E
工	冷却器	冷却器,可变	冷却器,可变	A	E	E	?	E	E

确定   取消   应用 (A)

图 11-5 【标识字母建议】对话框

第 12 章

部件库

数据是互联网的中心，而部件则是 EPLAN 新平台的基石。万丈高楼平地起，拥有一个良好的基础才能为将来的数字化、智能化电气平台提供持续的动力。部件库中的数据贯穿整个 EPLAN 新平台，拥有良好的数据一致性，一个完善的部件库就是 EPLAN 新平台设计的开始。本章将介绍部件库的组成以及部件库的管理。

12.1 部件库简介

在 EPLAN 新平台中，完整的部件库包含多级部件数据，拥有七级部件数据就可以满足大多数工程设计的需求，七级部件数据分类如图 12-1 所示。

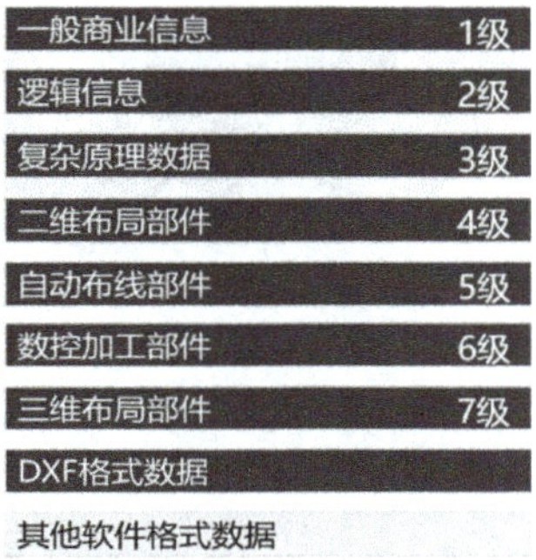

一般商业信息	1级
逻辑信息	2级
复杂原理数据	3级
二维布局部件	4级
自动布线部件	5级
数控加工部件	6级
三维布局部件	7级
DXF格式数据	
其他软件格式数据	

图 12-1　七级部件数据分类

12.2　部件管理

在 EPLAN 新平台的【部件管理】对话框中，根据功能不同将部件管理分成不同层级，而分层的依据如下面所列：

➢ 用户可存储最重要的部件和供应商专有信息，并将其和当前编辑的项目联系起来。

➢ 用户可将所需或所选附件分配给该部件并管理这些附件。

➢ 集合同属同一设备的部件，可构成部件组。

➢ 可在部件管理中管理多语言信息和不同货币。

➢ 用户可基于不同视角对部件进行结构化。

➢ 用户可导入 / 导出特定制造商的数据。

➢ 可导出部件、地址、钻孔排列样式等数据，并根据外部编辑工具（如 Microsoft Excel）重新完成导入。

在【部件管理】对话框中，主窗口采用垂直划分方式，将部件管理的功能分层罗列出来，而且在该对话框的左侧区域中可以通过显示【树】或【列表】中待管理的数据，以两种视图列表展现这些功能分层，其中【树】的层级结构中包括的层级分别是【部件】【附件列表】【附件放置】【钻孔排列样式】【连接点排列样式】【客户】【制造商 / 供应商】，如图 12-2 所示。

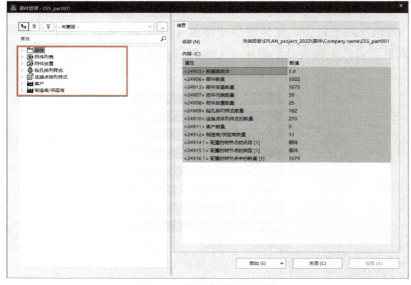

图 12-2　【树】的层级结构

这之中用户关注最多的是【部件】这个层级，在这个层级中，EPLAN 新平台根据产品分组将部件结构化，并按不同行业进行划分。最高层级结构通过如【机械】【流体】【电气工程】或【工艺工程】等一类产品组表，对产品组进行初步划分，而在一类产品组内部件可分为【模块】【部件组】【零部件】，在结构树的最后一个层级结构中显示单个部件编号。如果存在不止一个部件变量，则此变量会显示在部件下面，如图 12-3 所示。

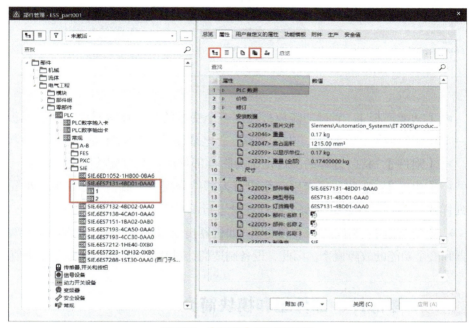

图 12-3　【部件】的层级结构

【部件管理】对话框的右侧区域是部件的选项卡，【模块】【部件组】【零部件】的选项卡内容在右侧采用并排的排列方式，简洁的界面更方便用户查看信息。选项卡的具体内容，如图 12-4 所示。

选项卡内容包括以下几点：

➤【总览】：可显示最重要的属性以及部件的预览（如有），在此不能编辑属性。

➤【属性】：根据所选部件 / 数据集类型，在一个表格中显示产品组专用数据集类型属性，并且用户可以对其进行编辑。

➤【用户自定义的属性】：为一个部件分配前，在【部件管理】的配置对话框中创建和配置用户自定义的属性，仅将这些属性分配给部件的所选变量。

图 12-4　选项卡的具体内容

➢ 【功能模板】：通过功能模板确定一个变量的部分技术属性；功能模板包含一个功能的数据，在这里，功能为触点、电缆连接、公插针等。

➢ 【附件】：将已选择的部件定义为附件部件或将其分配给附件。

➢ 【生产】：在此选项卡中，用户可为部件分配一个或多个用于制造的钻孔排列样式。可将这些数据为每个部件变量进行单独指定。

➢ 【安全值】：不同的标准和准则（如机器指令 2006/42/EG）要求必须计算出机器和安全功能的故障概率。因此，设备制造商针对其设备、组件指定了安全值。

12.3　零部件、部件组和模块简介

在 EPLAN 新平台中，根据部件不同的使用场景，将其分为零部件、部件组和模块，这些分类的含义如下：

1. 零部件的定义

零部件是 EPLAN 部件库的最小单位，也是部件组和模块的组成部分，其大多数情况下以零部件的形式出现在部件库中，零部件数量和质量是考核一个部件库的重要参数。每一个有部件编号的材料都是零部件，或者说每一个零部件都要有一个独立的部件编号。

2. 部件组的定义

部件组是属于一台设备的部件的总和（如带有常开触点、相应支架和按键的按钮）。部件组有固有部件编号，且部件组也可包含部件组。

但是需要注意，如果绘制原理图时需要插入设备或者在部件选择时分解部件组，必须在【设置：部件】对话框中勾选【分解部件组】复选框；如果生成的部件报表 BOM 清单需要了解零部件的商业信息，则需要勾选【分解组件】复选框，部件组中的零部件在原理图中属于一个设备。

绘制原理图勾选【分解部件组】复选框操作方法为：【文件】→【设置】→【用户】→【管理】→【部件】，如图 12-5 所示。

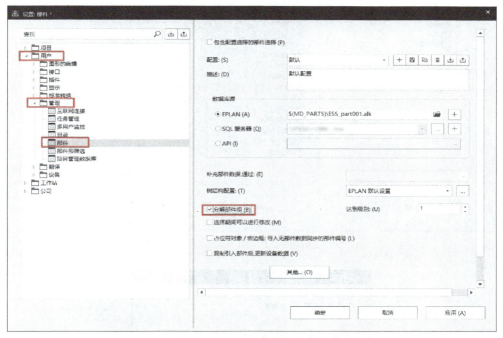

图 12-5　绘制原理图选择【分解部件组】复选框

部件报表勾选【分解组件】复选框操作方法为：【文件】→【设置】→【项目】→【项目名称（ESS_Sample_Project）】→【报表】→【部件】，如图 12-6 所示。

3. 模块的定义

模块在 EPLAN 新平台中提供了其中一种用于图示复杂设备的方案，新建模块如图 12-7 所示。一个模块可能包含部件、部件组以及其他模块。模块具有和部件一样的属性，但是还包含子部件列表（所谓的模块位置），一般通过一个下一级设备标识符或一个设备标识符 ID 来标识子部件。因此模块是属于多个共同嵌套在一起的设备部件的集合，包含在模块中的部件也包含部件变量的信息。尤其是在设备选择和报表时，也要考虑变量的技术数据。

图 12-6　部件报表选择【分解组件】复选框

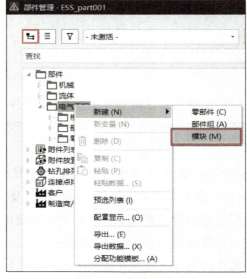

图 12-7　新建模块

12.4　部件组应用

零部件往往存在组合使用的情况，如带有辅助触点的接触器，辅助触点和接触器本身都有独立的商业型号。一些系列往往配对使用，为了方便组合使用，可以用部件组来组合这两个零部件。部件组还支持更改零部件的变量和数量，该功能给了部件组更多的设计应用场景，如重载连接件的组合（客体分上下壳、内芯、多个公插头、多个母插头）。

部件变量指的是同一部件在不同场景下的应用表达。不同部件变量功能模板不同，其他属性相同。以一个按钮为例，部件变量示意如图 12-8 所示。

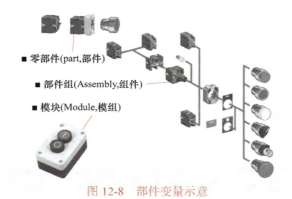

图 12-8　部件变量示意

12.5　创建部件

部件作为 EPLAN 新平台的基础，部件的创建也是十分重要，在这里介绍三种部件的创建或者获取方式，分别是 EPLAN Data Portal 批量下载标准部件数据、Excel 批量导入 / 导出非标准数据、EPLAN 部件管理内新增部件。

12.5.1　EPLAN Data Portal 批量下载标准部件数据

在安装激活 EPLAN 新平台时，必须要注册 EPLAN Cloud 账号，其在 EPLAN 新平台上至关重要，相关详情内容请参考安装激活章节部分。现在利用 EPLAN Cloud 下载部件信息，在 EPLAN V2.9 及 V2.9 以下的版本可以使用 EPLAN Data Portal。在 EPLAN V2.9 版本中可以同时使用 EPLAN Data Portal 和 EPLAN Cloud

命令，但是在 EPLAN 新平台，EPLAN Data Portal 不再是独立的命令，而是合并在【EPLAN Cloud】选项卡下，如图 12-9 所示。

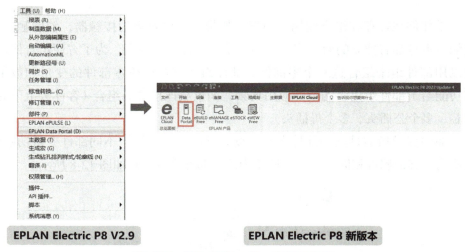

EPLAN Electric P8 V2.9   **EPLAN Electric P8 新版本**

图 12-9   EPLAN Data Portal 版本变更

进入 EPLAN 新平台 Data Portal 的操作方法是：单击【EPLAN Cloud】→【Data Portal】，弹出的【Data Portal】对话框如图 12-10 所示。

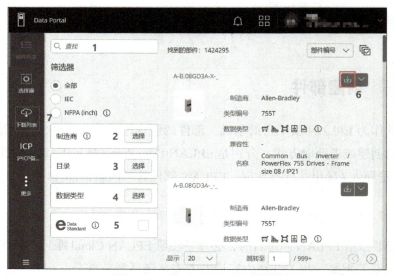

图 12-10   【Data Portal】对话框

【Data Portal】对话框中包括的主要内容有以下几点：

1）查找：如果有具体的部件型号可直接输入搜索，如 SIE.3RV2011-0FA25。查找也支持模糊搜索，如输入 SIE.3RV2011 也可以搜索到 SIE.3RV2011-0FA25 部件。

2）制造商：用户可根据制造商品牌自行下载该品牌部件，截止目前 EPLAN Data Portal 有超过 360 多个品牌入驻，包含国际知名品牌和国内知名品牌，如 RITTAL、SIEMENS、ABB、Schneider Electric、Rockwell 等，如图 12-11 所示。

图 12-11　EPLAN Data Portal 国内外品牌

3）目录：可根据 ELCASS 分类即产品组信息来下载，如【电气工程】→【安全设备】→【安全开关】。

4）数据类型：可选择用户需要下载的数据类型，如不必要可以不全选。例如，在不需要 3D 箱柜设计的情况下可不勾选【3D 图形数据】复选框，直接让 Data Portal 下载更快，部件更节省存储空间。

5） ⓔ：勾选该复选框后筛选部件中包含符合 EPLAN Data Standard 规定的数据集。EPLAN Data Portal 有一个设备属性的系统框架，因为其数据标准基于 ECLASS Advanced，可以理解为带有该标志的部件符合 EPLAN ECLASS Advanced 标准，用户可以更可靠地使用。

6）【下载导入】按钮：即下载该部件至用户自己的本地部件库；【扩展功能】按钮，如添加至下载列表，插入宏（无须【下载导入】可直接在原理中通过该按钮调用宏用于设计）等。

7）下载列表：与旧版本的购物车类似，可以批量收集要下载的部件库信息，通过下载列表批量下载至部件库。

用户要如何将页面上的部件批量导入部件库呢？如图 12-12 所示，操作步骤如下：

步骤一：单击右上角【多选框】🗇按钮。

步骤二：激活【多选框】后打钩☑，选择此页面上所有部件。

步骤三：单击☑按钮，选择【添加至我的下载列表】命令（单页面最多可显示 200 个部件）。

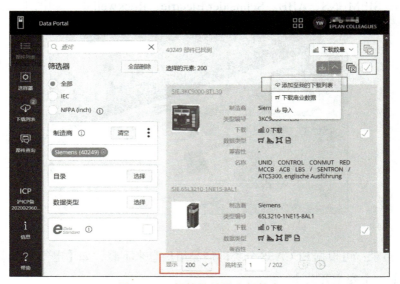

图 12-12　部件批量导入部件库

步骤四：通过【下载列表】下载即可，如图 12-13 所示。

图 12-13　通过【下载列表】导入部件库

12.5.2　Excel 批量导入 / 导出非标准数据

EPLAN 新平台支持以外部编辑的形式直接用 Excel 表格回读至部件库数据中，这部分操作与旧版本数据库的批量导入相比是有所优化的，操作过程如下：

1）通过【主数据】选项卡【部件】命令组的【管理】命令打开部件库。

2）单击【附加】→【从外部编辑属性】→【导出数据】/【导入数据】，进行批量 Excel 表格编辑数据，如图 12-14 所示。

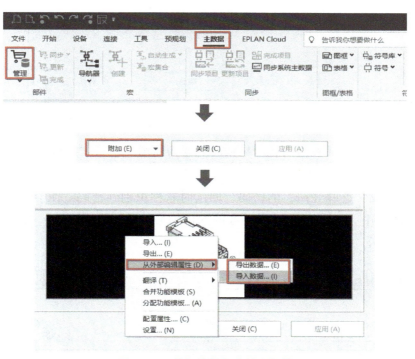

图 12-14　外部编辑方式导入部件

在【部件管理】对话框中可调用部件、地址、钻孔排列样式等多种类型对象，在导出项目数据时，后台视图中存在如设备、电缆、路径功能文本等，面对多类型数据可用导出数据的【设置】菜单以自定义所需要导出的数据类型。

在【外部编辑】对话框中选中【导出并启动应用程序】单选按钮，再单击【设置】的 ■ 按钮进行设置更改即可，如图 12-15 所示。

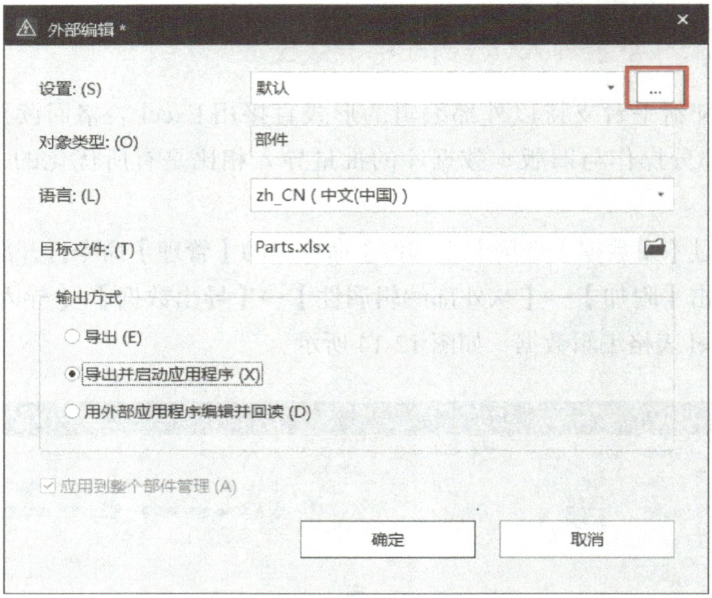

图 12-15 【外部编辑】对话框

在导出的 Excel 表格内新增数据时需要为新增的条目增加对象 ID，即更改 Excel 表格的第一列中的条目，新部件指定值为“117/0”。可以把“117/0”这个对象 ID 想成“芝麻开门”的密码，回读时软件识别到密码，便会将该行数据写入部件库中。新增 WY.TEST1~8 的部件编号，将对象 ID 改为“117/0”，如图 12-16 所示。

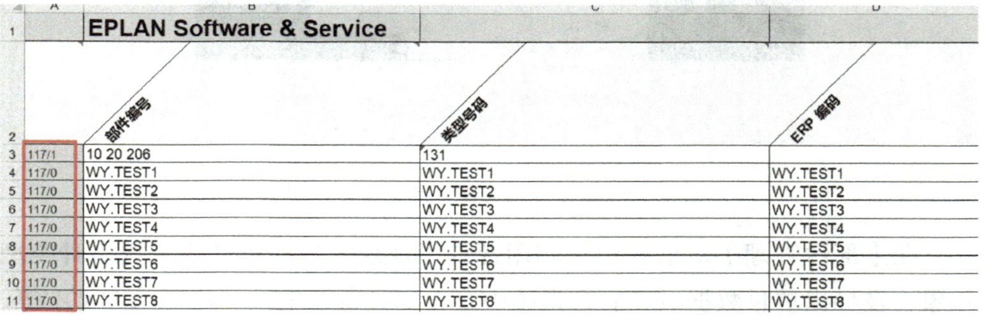

	A	B	C	D
1		EPLAN Software & Service		
2		部件编号	类型号码	ERP 编码
3	117/1	10 20 206	131	
4	117/0	WY.TEST1	WY.TEST1	WY.TEST1
5	117/0	WY.TEST2	WY.TEST2	WY.TEST2
6	117/0	WY.TEST3	WY.TEST3	WY.TEST3
7	117/0	WY.TEST4	WY.TEST4	WY.TEST4
8	117/0	WY.TEST5	WY.TEST5	WY.TEST5
9	117/0	WY.TEST6	WY.TEST6	WY.TEST6
10	117/0	WY.TEST7	WY.TEST7	WY.TEST7
11	117/0	WY.TEST8	WY.TEST8	WY.TEST8

图 12-16 新增数据

改好 ID 后需要在 Excel 表格中注意【公式】→【名称管理器】下【EPL_VALUES】的取值范围，如图 12-17 所示。确保取值范围大于或等于表格内行列数值的最大值，可以用组合快捷键〈Ctrl+3〉执行该操作。

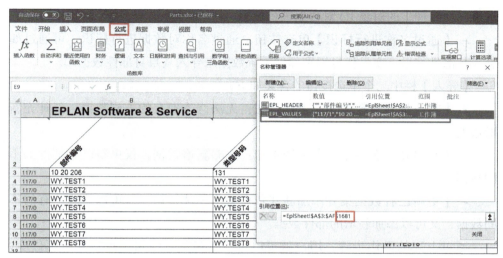

图 12-17　设置取值范围

在将外部文档导入到 EPLAN Electric P8 的过程中，可以选择【部件管理】对话框中的【附加】→【从外部编辑属性】→【导入数据】命令，在弹出的【外部的编辑：导入部件数据库】对话框中选中【通过对象 ID 进行标识】单选按钮进行导入，如图 12-18 所示。

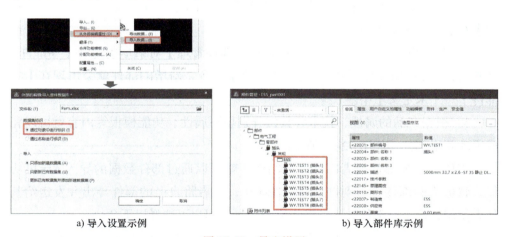

a) 导入设置示例　　　　　　　　　b) 导入部件库示例

图 12-18　导入设置

在【外部的编辑：导入部件数据库】对话框中，【数据集标识】栏中两个单选按钮的含义如下：

➢ 【通过对象 ID 进行标识】单选按钮：将使用与导入时相同的方式，即通过【部件管理】的对象 ID 对数据进行标识。

➤ 【通过名称进行标识】单选按钮：通过名称对数据进行标识，可通过如导入其部件编号、变量代号识别部件系统数据来导入其自身部件数据库。

【导入】栏中三个单选按钮的含义如下：

➤ 【只添加新建数据集】单选按钮：无法修改现有的不同数据，仅补充新增数据。

➤ 【只更新已有数据集】单选按钮：忽略新增数据，仅更新已有部件的不同数据。

➤ 【更新已有数据集并添加新建数据集】单选按钮：既可以修改已有的不同数据，又可以添加新增的部件数据。

通过上述的操作步骤，用户就可以进行批量部件编辑和批量导入部件库，方便用户快速完成部件库的构建。

12.5.3   EPLAN 部件管理内新增部件

在【部件管理】对话框中用户同样也可以通过手动新增部件的方式创建部件，并分别填写部件各项属性来新增部件，具体的操作步骤如下：

1）通过【主数据】选项卡【部件】命令组的【管理】命令打开【部件管理】对话框且显示树结构。

2）若用户准备新增一个零部件，在【部件管理】对话框中选择【零部件】并右击，在弹出的快捷菜单中选择【新建】命令，新增的部件就会出现在【零部件】→【未定义】中。

3）根据产品的属性、技术参数，分别填写属性、功能模板等内容就可以完成手动新增部件，如图 12-19 所示。

当用户完成部件或者部件库的制作，就可以通过部件数据的导入 / 导出功能，将他人的部件导入到自己的部件库中，或者将自己的部件导出并发送给其他人使用，这里以部件导入的操作流程为例，用户可选择以下命令：

1）通过【主数据】选项卡【部件】命令组的【管理】命令打开【部件管理】对话框。

2）在【部件管理】对话框中选择【附加】按钮上的【导入】命令，弹出【导入数据集】对话框，如图 12-20 所示。

3）从【导入数据集】对话框的【文件类型】下拉列表框中选择所需的文件

类型，如图 12-21 所示。

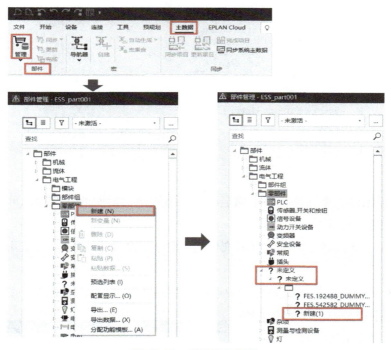

图 12-19　手动新增部件

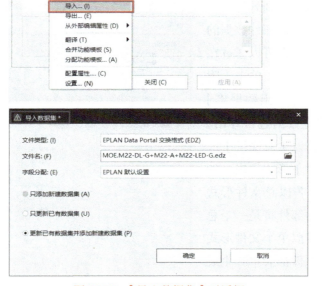

图 12-20　【导入数据集】对话框

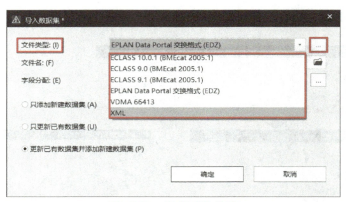

图 12-21　选择文件类型

4）根据已由【文件类型】确定的导入格式激活后面的 ⋯ 按钮，可在后续对话框中确定导入设置。

5）在【文件名】中输入导入文件的文件名或单击 📁 按钮，以交互方式选择文件，可多选。

从【字段分配】下拉列表框中选择应该用于字段分配的配置。或单击 ⋯ 按钮，在【字段分配】对话框中创建新建配置或编辑配置。

通过这种方法可以将部件库数据从一台设备导入到另外一台设备，上面演示的是部件数据的导入过程。同样，也可以通过在【部件管理】对话框中单击【附加】按钮，弹出【导出数据集】对话框，将部件数据进行导出。导出时可以选择以【总文件】或者以【单个文件】形式导出，如图 12-22 所示。若以总文件形式导出，则生成的部件将是一个总的部件文件；若以单个文件形式导出，则每个部件都会单独生成一个部件文件。

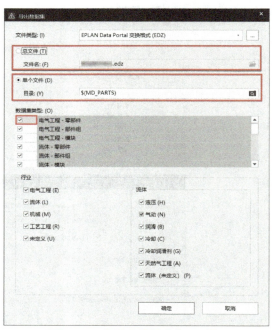

图 12-22　【导出数据集】对话框

12.5.4　部件库批量创建举例

在用户批量创建部件库的过程中，可能会遇到一些问题。在此有几个常见的问题及对应解决方案供用户参考：

1）若用户想根据不同部件编号批量导入／导出至部件库，该如何做？

导入部件数据时，在【数据集标识】栏下选中【通过名称进行标识】单选按钮，导入过程就可以不必过多在意对象 ID，而会按照不同部件的编号生成不同的零部件。如图 12-23 所示，依旧使用"WY.TEST1"数据集来测试，增加不同变量，并且对象 ID 选择非"117/0"，导入时选中【通过名称进行标识】单选按钮。

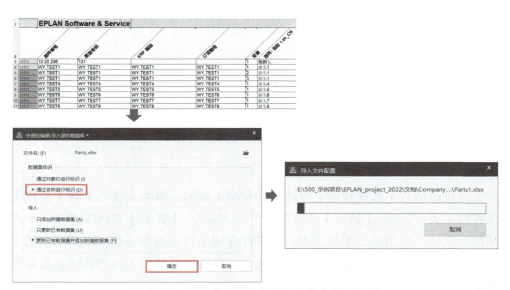

图 12-23　选中【通过名称进行标识】单选按钮

即使对象 ID 不准确也可以通过部件编号成功导入，导入结果如图 12-24 所示。与此同时，部件变量也可以一并生成。

2）如何将部件的产品分组通过外部编辑导入回读？

通过图 12-24 可以看到回读进 EPLAN 软件的零部件"WY.TEST1"包含在【部件】→【电气工程】→【零部件】→【插头】→【常规】下，因此该部件的产品分组属性显示信息为【电气工程】→【插头】→【常规】。

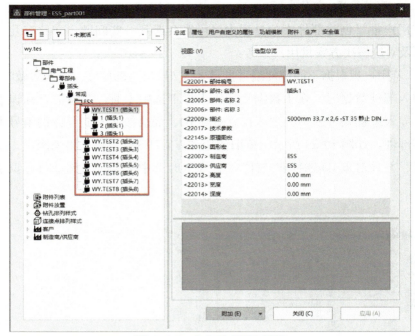

图 12-24   成功导入部件编号

通过前面对【部件管理】对话框的介绍了解到，该处【电气工程】是该零部件的一类产品组，【插头】是该零部件的产品组，【常规】是该零部件的子产品组。这些产品组的分类帮助用户的部件库树结构更加专业化，按照一定的工程属性分门别类、整齐有序、方便查找。一次性给批量导入的部件信息批量覆盖的方法如下：

先做一次导出配置，在【设置：外部编辑】对话框中将需要导出的属性【<22367> 产品分组】选择到导出配置中，如图 12-25 所示。

在导出的 Excel 表格中可以看到【产品分组】内全部是数字代号；与EPLAN V2.9 或 EPLAN V2.9 以下的 EPLAN Electric P8 不同，EPLAN 新平台将所有产品组进行整合，通过一个属性即【产品分组】来统一部件的产品组信息，中间用 "/" 来分隔，如图 12-26 所示。例如，1/26/1 代表着【电气工程】→【PLC】→【常规】。

图 12-25 选择产品组属性

1		EPLAN Software & Service					
2		部件编号	变量	数据集类型	部件分组	易损件	产品分组
3	117/333	10 20 206	1	1			3/126/136
4	117/334	12 22 126	1	1			3/126/136
5	117/335	12 84 672	1	1			3/126/136
6	117/336	12 84 675	1	1			3/126/136
7	117/337	12 90 654	1	1			3/126/136
8	117/236	1SC - DIN EN 857	1	1			2/37/82
9	117/237	1SN - DIN EN 853	1	1			2/37/82
10	117/238	1ST - DIN EN 853	1	1			2/37/82
11	117/239	1TE - DIN EN 854	1	1			2/37/82
12	117/338	20 35 606	1	1			3/126/136
13	117/339	21 18 153	1	1			3/126/136
14	117/340	21 36 009	1	1			3/126/136
15	117/341	21 38 200	1	1			3/126/136
16	117/342	21 38 616	1	1			3/126/136
17	117/343	23 02 306	1	1			3/126/136
18	117/344	23 02 316	1	1			3/126/136
19	117/345	23 05 033	1	1			3/126/136
20	117/240	2SC - DIN EN 857	1	1			2/37/82
21	117/241	2SN - DIN EN 853	1	1			2/37/82
22	117/242	2ST - DIN EN 853	1	1			2/37/82
23	117/243	2TE - DIN EN 854	1	1			2/37/82
24	117/1	3RT2015-1BB41+1FA22	1	4			1/2/2

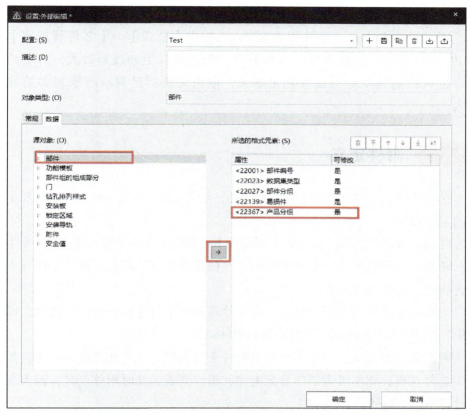

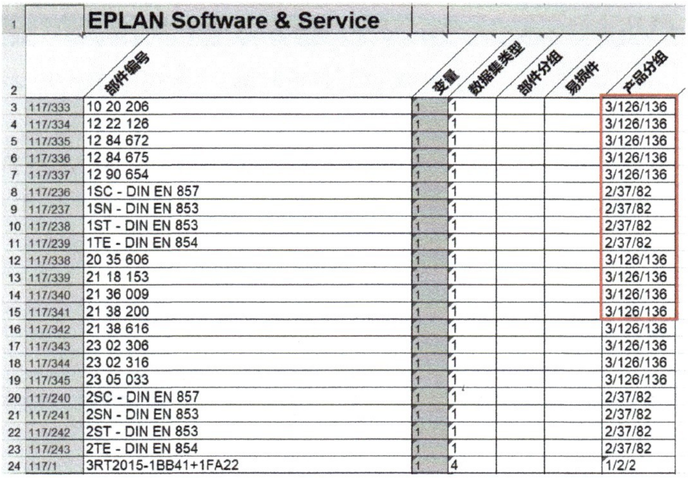

图 12-26 产品分组导出结果

3）为什么导入时总是失败？

该问题的解决办法是先检查 Excel 表格中【公式】→【名称管理器】下"EPL_VALUES"的取值范围是否覆盖、是否可以手动改到最大，为节约时间，也可以给这个范围设置到足够大，以防无法满足后续越来越多的部件导入。

12.6 附件定义

在部件中，有些部件带有特定的附件，而在 EPLAN 新平台中对附件和主部件的定义如下：

针对一个部件（部件类型为【零部件】【部件组】或【模块】）是一个主部件，还是一个附件部件，用户需要在【部件管理】对话框的【附件】选项卡中进行确定，如图 12-27 所示。

主部件的定义：主部件是一个【部件是附件】复选框已禁用的部件。可在【附件】选项卡中为此部件分配附件和附件列表。

附件部件的定义：勾选【部件是附件】复选框，代表此部件是附件。如果已勾选复选框，则不可为部件分配附件和附件列表，此时附件变灰，因为现在部件自身就是附件。

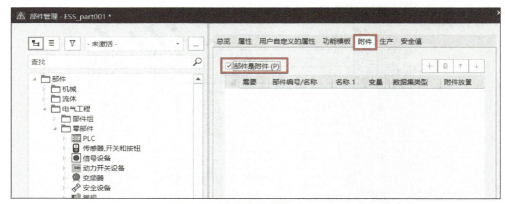

图 12-27 【部件是附件】复选框

在将附件分配给主部件时，必须确定附件部件的必需性。在此可选择"需

要"（在【需要】列中勾选复选框）和"可选的"（在【需要】列中取消复选框），
如图 12-28 所示。在【部件编号 / 名称】列中将考虑此设定：在【部件编号 / 名
称】列中，主部件列表内将显示所有来自【部件管理】中与选定设备相匹配，
且【部件是附件】复选框已勾选的部件。原则上既可以为主部件分配单个附件，
也可以分配附件列表。

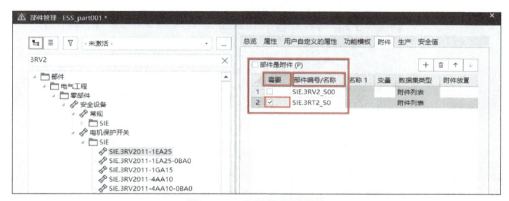

图 12-28　主部件选择附件

12.7　部件原理图宏和图形宏

在【部件管理】对话框的【属性】选项卡下，可以为部件分配对应的原理
图宏和图形宏，在选中部件的前提下，选择原理图宏的操作方法是：

原理图宏也称为 2D 宏，可以在【属性】→【数据】→【<22145> 原理图
宏】中进行选择，通过【文件选择】对话框选择用于原理图设计所需的 2D 宏，
如图 12-29 所示。

图形宏也称为 3D 宏，可以在【属性】→【安装数据】→【<22010> 图形
宏】中进行选择，通过【文件选择】对话框选择用于原理图 / 空间布局设计所需
的 3D 宏，如图 12-30 所示。

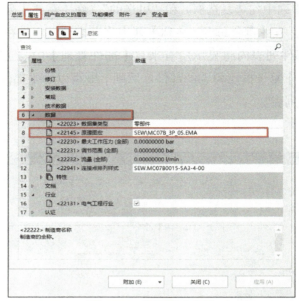

图 12-29 原理图宏选择

图 12-30 图形宏选择

第 13 章

图　框

图框在设计中也是经常会使用到的一种图表样式，图框的定义是将设计信息完整框定在其中的设计布局。本章将会介绍图框的创建与修改方式，以方便用户个性化地定制图框。

13.1　图框定义与新建

图框中会包含项目描述、项目编号、页号、创建人等项目信息，是图纸上非常重要的信息来源。下面介绍在 EPLAN 软件中如何创建一个图框。

图框创建的前提条件是已经打开了一个项目，操作步骤如下：

1）单击【主数据】→【图框】→【新建】→【新建图框】，如图 13-1 所示。

2）在弹出的【创建图框】对话框中选择要在其中保存的新图框的目录。

3）在【文件名】中输入图框的具体名称。

4）单击【保存】按钮。

这样就完成了一个图框的创建，而图框内容则需要根据不同的应用场景，由用户自由去定义。

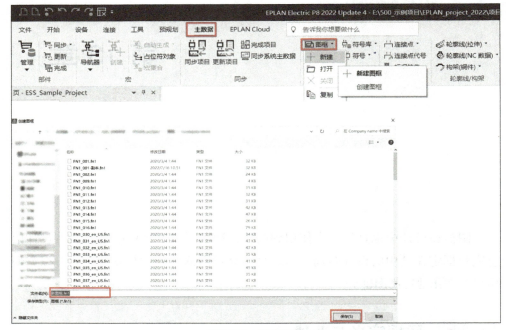

图 13-1　新建图框

13.2　图框复制

有时为了提高效率且提高对已有图框的复用率，用户可以通过图框复制的方式将一个类似的图框进行复制，修改其中的某些属性，以达到创建新图框的效果。

图框复制的前提条件是已经打开了一个项目，操作步骤如下：

1）单击【主数据】→【图框】→【复制】→【复制图框】，如图 13-2 所示。

2）在目录中找到图框选择界面，选择待复制的图框，单击【打开】按钮。

3）在【创建图框】对话框中确定图框副本的保存位置，修改新图框名称，单击【保存】按钮。

图 13-2 复制图框

13.3 编辑图框属性及图框

13.3.1 编辑图框属性

当用户完成了图框的创建，接着便需要对图框属性进行编辑，根据选定的属性类别，自定义所需的图框属性如图框的描述、版本、行列数量和行列宽度等。

图框编辑操作步骤如下：

1）在【页】导航器中标记用户想要对其属性进行查看或编辑的图框，右击，在弹出的快捷菜单中选择【属性】命令。

2）在弹出的【图框属性 -FN1_001- 副本】对话框的【类别】下拉列表框中选择应在下方显示列表中的属性。

3）确定属性数值，为此输入或覆盖一个词条，或从下拉列表中选择一个默认值。

4）单击对话框中的【新建】⊞按钮。

5）在【属性选择】对话框中选择用户想分配给图框的新属性。

6）单击【确定】按钮，如图 13-3 所示。

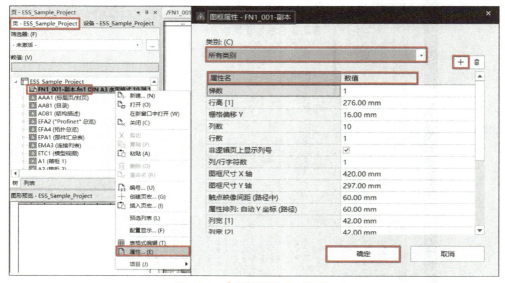

图 13-3 【图框属性】对话框

13.3.2　图框编辑

用户完成图框属性的编辑之后，便可以通过在图框中插入静态元素和特殊文本的方式对图框进行编辑，填充所需要的各种图框元素。

图框编辑的前提条件是：

➤ 已打开了一个项目。

➤ 已在图框编辑器中打开想要进行编辑的图框（单击【主数据】→【图框 / 表格】→【图框】→【打开】）。

图框编辑的静态组成部分：静态组成部分是为原理图逻辑生成报表时由程序生成的，对数据没有影响的元素，如边框以及长方形、线、已插入的图案等图形元素。如图 13-4 所示为插入长方形。

图 13-4　新建图框插入长方形

13.3.3　插入特殊文本

用户完成图框静态元素的编辑之后，在新建的图框中插入特殊文本的过程如下所示：

单击【编辑】→【图框】→【特殊文本】，弹出【属性（特殊文本）：图框属性】对话框，如图 13-5 所示，它是图框非常重要的元素。而且特殊文本还包含根据输入的数据由程序填写的项目和页属性的占位符。此外，用户可插入在生成报表时需要考虑到的行文本和列文本。

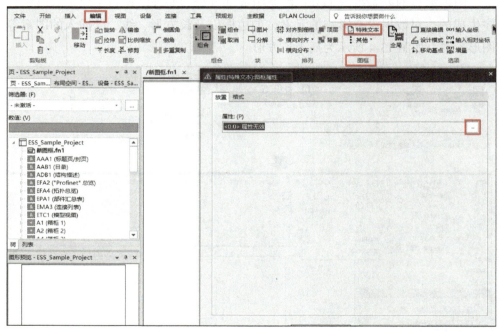

图 13-5　插入特殊文本（图框属性）

表格和图框的项目和页属性是由程序自动用相应的属性替换的占位符，可用于填充表格和图框的项目及页属性。

1）单击【插入】→【文本】→【项目属性】或【页属性】。

2）在【属性（特殊文本）：项目属性】对话框的【放置】选项卡中单击【属性】框后的 … 按钮。

3）在【属性选择】对话框中选择应插入在图框 / 表格中的页属性或项目属性。

4）单击【确定】按钮。

5）将已选择的属性导入【属性】框中。

6）单击【确定】按钮，如图 13-6 所示。

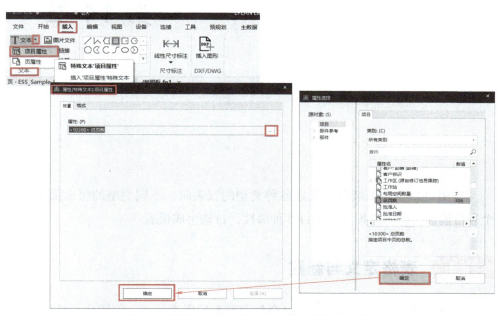

图 13-6　【属性（特殊文本）：项目属性】对话框

第14章
表　格

当用户想要为图纸自动生成各种类型的报表时，不同类型的报表需要有一个表格模板，以此模板读取项目各种属性，自动生成报表。

14.1　表格定义与新建

表格与图框类似的是表格中也会包含静态的图框元素，如图片、长方形等，但是会根据不同表格类型读取不同的项目或者页属性。

表格分类见表 14-1。

表 14-1　表格分类

PLC 地址概览（*.f48）	插头图表（*.f22）	端子排列图（*.f12）	切口图例（*.f47）	项目选项总览（*.f29）	预规划：介质概览表（*.f51）
PLC 图表（*.f19）	插头总览（*.f23）	端子排总览（*.f14）	设备连接图（*.f05）	修订总览（*.f17）	占位符对象总览（*.f30）
PLC 卡总览（*.f20）	导管/电线图（*.f46）	端子图表（*.f13）	设备列表（*.f03）	预规划：管路等级概览表（*.f49）	制造商/供应商列表（*.f31）
标题页/封页（*.f26）	电缆布线图（*.f08）	分散设备清单（*.f45）	拓扑：布线路径列表（*.f34）	预规划：规划对象图（*.f41）	装箱清单（*.f32）

（续）

表格文档 （*.f04）	电缆连接图 （*.f07）	符号总览 （*.f25）	拓扑：布线 路径图 （*.f35）	预规划：规 划对象总览 （*.f40）	所有表格 （*.f？？）
部件汇总表 （*.f02）	电缆图表 （*.f09）	管道及仪表流 程图：管路概 览（*.f37）	拓扑：已布线 得电缆/连接 （*.f36）	预规划：结构 段模板设计 （*.f43）	
部件列表 （*.f01）	电缆总览 （*.f10）	结构标识符总 览（*.f24）	图框文档 （*.f15）	预规划：结构 段模板总览 （*.f42）	
部件组总览 （*.f44）	电位总览 （*.f16）	连接列表 （*.f27）	图形 （*.f28）	预规划：结构 段图（*.f39）	
插头连接图 （*.f21）	端子连接图 （*.f11）	目录 （*.f06）	箱柜设备清单 （*.f18）	预规划：结 构段总览 （*.f38）	

表格创建的前提条件是用户已经打开原理图项目，表格创建的操作步骤如下：

1）单击【主数据】→【表格】→【新建】→【新建表格】，如图 14-1 所示。

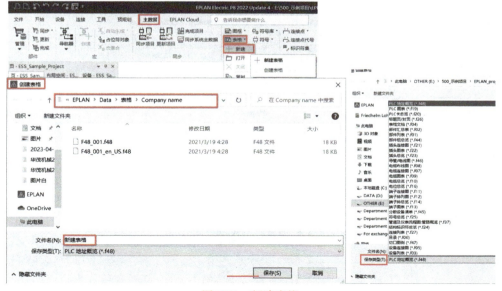

图 14-1　新建表格

2）在弹出的【创建表格】对话框中选择要在其中保存的新表格的目录。

3）在【文件名】中输入一个用于新表格的具体名称。

4）在【保存类型（T）】下拉列表框中选择需要创建的表格类型（如目录、电缆图表等）。

5）单击【保存】按钮。

14.2 表格复制

用户可以通过表格复制的方式，将一个类型相同并且与将要设计的布局样式类似的表格进行复制，通过修改其中的某些属性完成自定义表格的生成创建。具体步骤如下：

1）单击【主数据】→【表格】→【复制】，如图 14-2 所示。

2）在弹出的【复制表格】对话框中选择待复制表格的目录。

3）用户选择待复制的表格文件（在此不能进行多项选择）。

4）单击【打开】按钮。

5）在【创建表格】对话框中确定表格副本的保存位置。

6）在【文件名】中输入一个用于新表格的具体名称。

7）单击【保存】按钮。

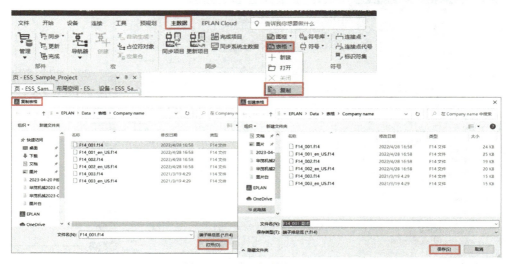

图 14-2　复制表格

14.3　编辑表格属性及表格

当用户完成了表格的创建，接着便需要对表格属性进行编辑，根据选定的属性类别，自定义所需的表格属性，如表格的描述、版本、行列数量和行列宽度等。

14.3.1　编辑表格属性

编辑表格属性的操作步骤如下：

1）在页导航器中标记用户想要对其属性进行查看或编辑的表格，右击，在弹出的快捷菜单中选择【属性】命令。

2）在弹出的【表格属性 - 新建表格】对话框的【类别】下拉列表框中选择应在下方显示列表中的哪些属性，如图 14-3 所示。

3）确定属性数值，为此应输入或覆盖一个词条，或从下拉列表框中选择一个默认值。

4）单击对话框中的【新建】⊞按钮。

5）在【属性选择】对话框中选择用户想分配给图框的新属性。

6）单击【确定】按钮。

图 14-3　【表格属性 - 新建表格】对话框

14.3.2 表格编辑

在用户完成表格属性的编辑之后，就可以根据不同表格类型，通过插入静态元素、特殊文本或者占位符文本的方式对表格内容进行创建编辑，填充所需要的各种表格元素。

表格编辑的前提条件如下：

➢ 已打开了一个项目。

➢ 已在表格编辑器中打开想要进行编辑的表格（单击【主数据】→【表格】→【打开】）。

静态组成部分是为原理图逻辑生成报表时，由程序生成的对数据没有影响的元素，如可以是圆、长方形、线、已插入的位图等图形元素，如图 14-4 所示。

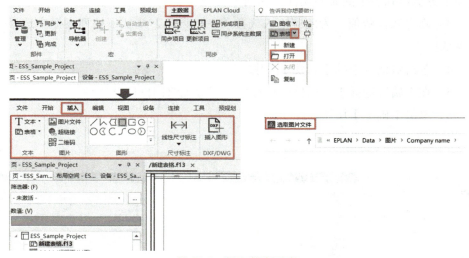

图 14-4 插入静态元素

表格编辑插入静态元素的操作过程如下：

1）单击【插入】→【图形】命令中一个相应的按钮，用于插入图形元素如长方形、线等。

2）单击【插入】→【文本】命令组→【文本】，用于保存文本信息。

3）单击【插入】→【图片】→【图片文件】，可用于在【选取图片文件】对话框中选取图形，并可将其作为表格页脚的 LOGO 插入。

4）双击已插入的元素，打开元素专用的【属性】对话框，然后查看或修改属性。

14.3.3　插入特殊文本

当用户设置完成表格的静态元素，就需要在新建的表格中插入特殊文本，其操作过程如下：

单击【编辑】→【表格】→【特殊文本】，弹出【属性（特殊文本）：表格属性】对话框，如图 14-5 所示。【属性（特殊文本）：表格属性】是表格非常重要的元素，而且特殊文本还包含根据输入的数据由程序填写的项目和页属性的占位符。此外，用户可插入在生成报表时需要考虑到的行文本和列文本。

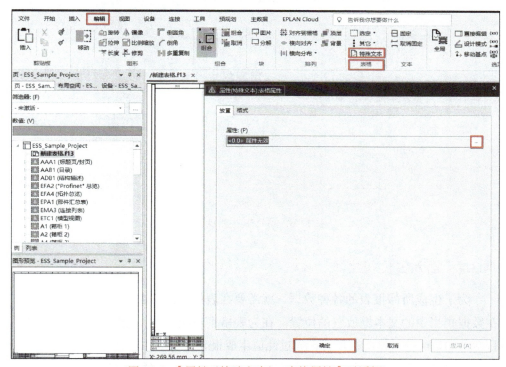

图 14-5　【属性（特殊文本）：表格属性】对话框

可用于表格和图框的项目和页属性是由程序自动用相应的属性替换的占位符，如图 14-6 所示。

1）单击【插入】→【文本】→【项目属性】或【页属性】。

2）在【属性（特殊文本）：项目属性】对话框的【放置】选项卡的【属性】

框中单击▯按钮。

3）在【属性选择】对话框中选择应插入在图框 / 表格中的页属性或项目属性。

4）单击【确定】按钮。

5）将已选择的属性导入【属性】框中。

6）单击【确定】按钮。

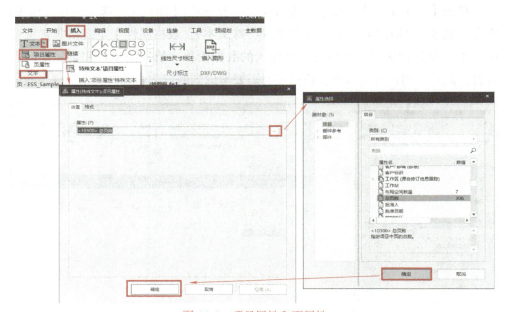

图 14-6　项目属性和页属性

14.3.4　插入占位符文本

为了生成所需报表的各种数据，就需要在表格中使用占位符文本，并且确定在数据集当中的文本框放置的位置。在为表格生成报表时，程序会自动调用各项目对象的相应值替换此占位符，通过此值生成报表，如组件、页、符号等。

在打开一个项目，并且打开待编辑的表格的前提下，插入占位符操作如下：

1）单击【插入】→【文本】→【表格】→【占位符文本】，如图 14-7 所示。

2）在弹出的【属性（占位符文本）】对话框中选择【放置】选项卡，选中【属性】单选按钮并单击▯按钮。

3）在【占位符文本 - 端子图表】对话框中选择要为其确定占位符文本的元素。

4）选择属性，并单击【确定】按钮。

图 14-7　插入占位符文本

第 15 章
报表及报表模板创建

报表是对项目数据的询问读取，通过表格模板上各个占位符文本对数据的读取替换，可有目标地输出所需要的各项项目数据。

15.1　报表定义与分类

报表可自动生成项目数据并直接输出到报表页或外部文件，如设备的标签。同样地，可以手动将报表作为一个嵌入式报表直接放置到一个现存项目页上，如箱柜设备清单。报表按照报表类型划分，报表类型的详细分类可查阅在线帮助。

15.2　报表表格设置

在项目设置中，用户可以为不同的报表类型预先设定默认的表格，设置前提是已打开一个项目。设置过程为：单击【文件】→【设置】→【项目】→【报表】→【输出为页】，如图 15-1 所示。

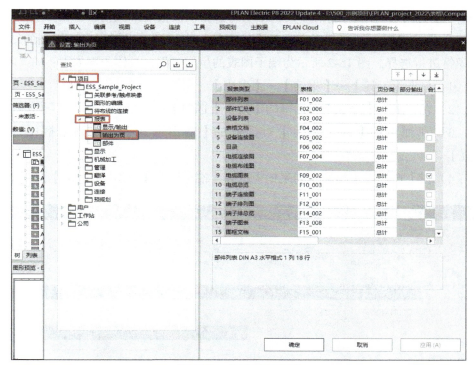

图 15-1　设置报表表格

15.3　新建报表类型

报表类型指的是为哪些同类信息组去生成报表，而报表类型是 EPLAN 新平台已确定的，无法自行定义。当用户想为项目自动输出报表页和嵌入式报表时，就必须在生成报表前为各种报表类型分配默认表格模板。在 EPLAN 新平台中分为功能指定的报表类型、报表总览的报表类型和图形报表，具体报表类型见报表定义与分类部分，可查阅在线帮助查看各类型报表。

15.3.1　页报表

页报表中显示固有页的报表结果，报表内容按照各种报表类型划分好，在报表自动生成时以单独页的形式生成。为了在页报表中清楚明了并结构化地显示项目数据，用户可以将不同报表类型按设定好的页结构提前做好规划。

用户在生成报表时可以自己选择生成报表页或者嵌入式报表，如果生成报表时选择了【页】作为输出形式，则项目数据以页报表形式输出，EPLAN 新平台将生成的报表页排列到现存项目页的页结构中，可以根据用户所规划的结构标识符进行选择。图 15-2 所示为端子图表的生成过程，具体步骤如下：

1）单击【工具】→【报表】→【生成】。

2）在弹出的【报表】对话框的【报表】选项卡中，单击【新建】⊞按钮。

3）在弹出的【确定报表】对话框的【输出形式】下拉列表框中选择【页】。

4）在【选择报表类型】列表框中选择【端子图表】，单击【确定】按钮。

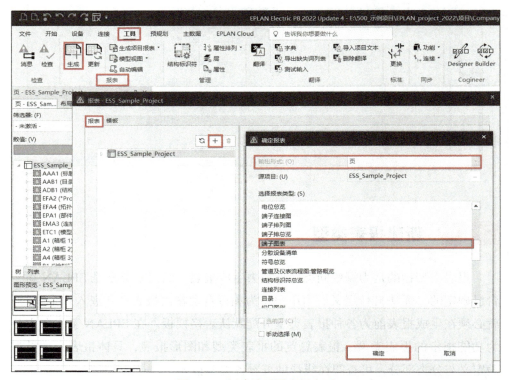

图 15-2　新建端子图表报表页

5）在弹出的【设置 - 端子图表】对话框中，按默认设置进行下一步，如图 15-3 所示。或者根据需要设置设备、功能属性；在【表格（与设置存在偏差）】下拉列表框中，可以将默认设置的表格更换为其他格式的端子图表表格，单击【确定】按钮。

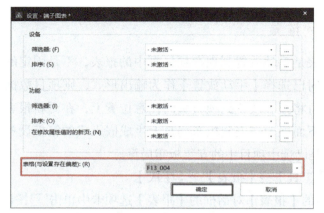

图 15-3　【设置 - 端子图表】对话框

6）在【端子图表（总计）】对话框中，为端子图表的报表生成设置起始页名，这里在项目结构的 A1（箱柜）中设置报表生成的位置。单击【确定】按钮，将端子图表自动生成在 A1 项目结构下，如图 15-4 所示。

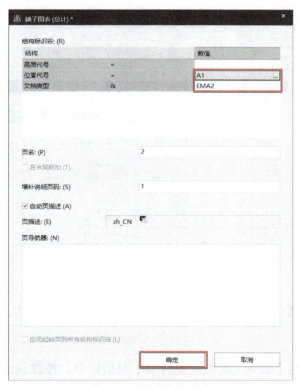

图 15-4　更换端子图表

15.3.2　嵌入式报表

嵌入式报表是手动放置到现存项目页中的报表，不是固定的报表页。如果用户生成报表时已选择【手动放置】作为输出形式，则项目数据可作为已嵌入的报表输出。可将报表放置到项目页的任意位置上，在更新报表的同时更新已嵌入的报表。下面展示在安装板布局页上生成嵌入式的箱柜设备清单的具体步骤，前提条件是已选中项目中的安装板布局页。

1）单击【工具】→【报表】→【生成】。

2）在弹出的【报表】对话框的【报表】选项卡中单击 ⊞ 按钮。

3）在弹出的【确定报表】对话框的【输出形式】下拉列表框中选择【手动放置】。

4）在【选择报表类型】列表框中选择【箱柜设备清单】，并勾选【当前页】复选框，再单击【确定】按钮，如图 15-5 所示。

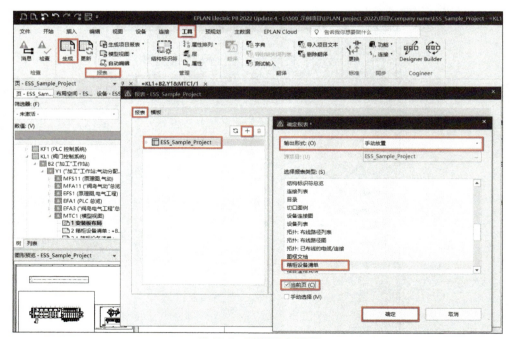

图 15-5　安装板布局页

5）在弹出的【设置 - 箱柜设备清单】对话框中，按默认设置进行下一步，如图 15-6 所示。或者根据需要设置设备、功能属性；在【表格（与设置存在偏差）】下拉列表框中，可以将默认设置的表格更换为其他样式的箱柜设备清单表格，再单击【确定】按钮。

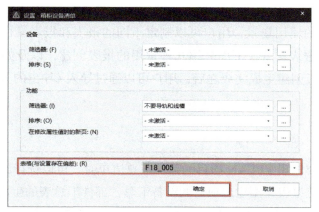

图 15-6　【设置 - 箱柜设备清单】对话框

6）接着在当前页手动放置箱柜设备清单的位置，单击鼠标左键放置箱柜设备清单，如图 15-7 所示。

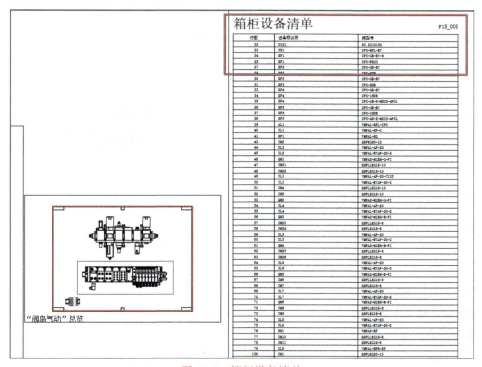

图 15-7　箱柜设备清单

15.4　常用报表及报表模板创建

根据不同的使用场景，用户可以制定不同的报表和报表模板，以此可以快速生成统一的报表样式。下面介绍几种常用的报表创建，以及如何创建报表模板。在报表模板创建生成完成之后，用户可以通过导入 / 导出的方式对报表模板进行分享。

15.4.1　部件汇总表（BOM）

当用户需要输出 EPLAN 项目的部件汇总清单时，可以选择部件汇总表的报表类型，通过此报表类型输出项目的设备汇总，部件汇总表的生成步骤如下：

1）单击【工具】→【报表】→【生成】，如图 15-8 所示。

2）在弹出的【报表】对话框的【报表】选项卡中单击【新建】 ⊞ 按钮。

3）在弹出的【确定报表】对话框的【输出形式】下拉列表框中选择【页】。

4）在【选择报表类型】列表框中选择【部件汇总表】，单击【确定】按钮。

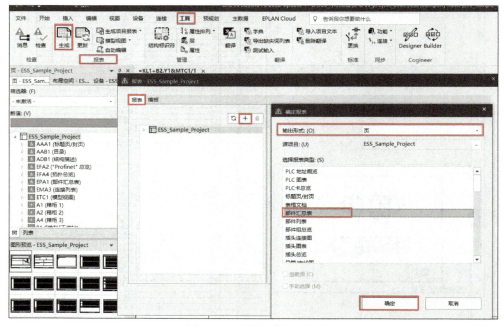

图 15-8　生成部件汇总表

5）在弹出的【设置 - 部件汇总表】对话框中，按默认设置进行下一步，如图 15-9 所示。或者根据需要设置设备、功能属性；在【表格（与设置存在偏差）】下拉列表框中，可以将默认设置的表格更换为其他样式的部件汇总表表格，单击【确定】按钮。

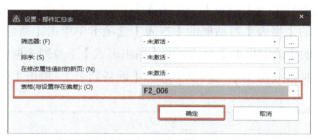

图 15-9　【设置 - 部件汇总表】对话框

6）在【部件汇总表（总计）】对话框中，为部件汇总表设置起始页名，在项目结构中设置报表生成的位置，如图 15-10 所示。单击【确定】按钮，部件汇总表自动生成在选定的项目结构下。

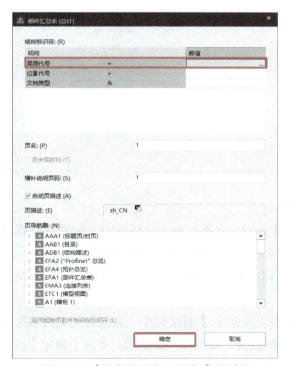

图 15-10　【部件汇总表（总计）】对话框

15.4.2　设备列表创建

当用户需要输出 EPLAN 项目的设备清单时，可以选择设备列表的报表类型，通过此报表类型输出项目的设备列表，设备列表的生成步骤如下：

1）单击【工具】→【报表】→【生成】，如图 15-11 所示。

2）在弹出的【报表】对话框的【报表】选项卡中单击【新建】⊞按钮。

3）在弹出的【确定报表】对话框的【输出形式】下拉列表框中选择【页】。

4）在【选择报表类型】列表框中选择【设备列表】，单击【确定】按钮。

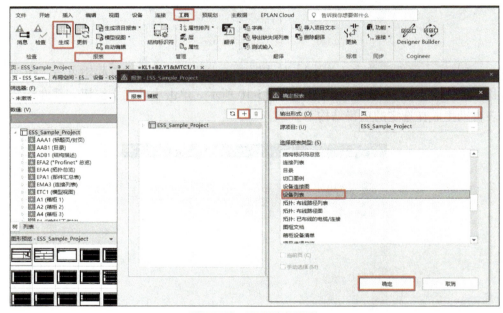

图 15-11　生成设备列表

5）在弹出的【设置 - 设备列表】对话框中，按默认设置进行下一步，如图 15-12 所示。或者根据需要设置设备、功能属性；在【表格（与设置存在偏差）】下拉列表框中，可以将默认设置的表格更换为其他样式的设备列表表格，单击【确定】按钮。

6）在【设备列表（总计）】对话框中，为设备列表设置起始页名，在项目结构中设置报表生成的位置，如图 15-13 所示。单击【确定】按钮，设备列表自动生成在选定的项目结构下。

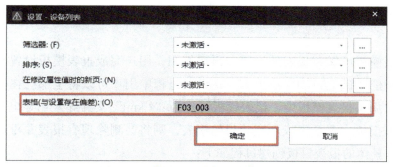

图 15-12 【设置 - 设备列表】对话框

设备列表 (总计)

结构标识符: (R)

结构		数值
高层代号	=	
位置代号	+	
文档类型	&	

页名: (P)　　　　　　　1

☐ 在末尾附加 (T)

增补说明页码: (S)　　　1

☐ 自动页描述 (A)

页描述: (E)　　　zh_CN　📄 报表

页导航器: (N)

▷ 🖼 AAA1 (标题页/封页)
▷ 🖼 AAB1 (目录)
▷ 🖼 ADB1 (结构描述)
▷ 🖼 EFA2 ("Profinet" 总览)
▷ 🖼 EFA4 (拓扑总览)
▷ 🖼 EPA1 (部件汇总表)
▷ 🖼 EMA3 (连接列表)
▷ 🖼 ETC1 (模型视图)
▷ 🖼 A1 (箱柜 1)

☐ 应用起始页到所有结构标识符 (L)

确定　　　取消

图 15-13　新建 - 设备列表

15.4.3　生成报表模板

　　报表模板可保存报表的设置并再次使用，用户完成报表模板设置之后可在报表模板的基础上自动生成报表。在设置过程中用户可以将全部已在模板中确定的设置用于报表模板中。报表模板可作为"*.xml"文件导入和导出。如果用户从报表模板中重新生成现存项目的报表，则将会删除现有报表并重新生成新建报表。具体的报表模板创建过程如下：

　　1）单击【工具】→【报表】→【生成】，如图 15-14 所示。

　　2）在弹出的【报表】对话框中选择【模板】选项卡，之后的步骤按照各类报表的创建方式，在【模板】选项卡下进行创建。

　　3）完成各类型报表模板创建之后，可在所创建模板项目上右击，在弹出的快捷菜单中选择【生成报表】命令，批量生成报表。

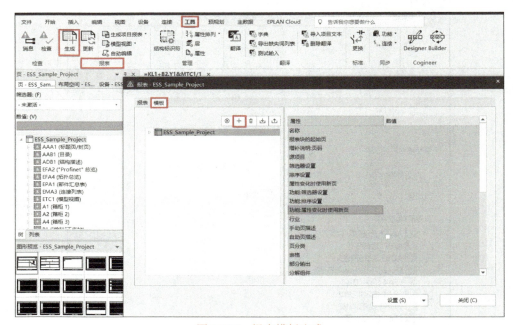

图 15-14　报表模板生成

15.4.4　报表模板的导入 / 导出

　　当用户完成报表模板创建之后，可以通过导入 / 导出功能将模板进行传递或存储，以备份创建好的报表模板设置，也可以方便在公司范围内保持统一的模板和报表风格，保持数据的一致性。其中报表模板的导入可以通过【导入】
按钮进行操作，导出操作类似，如图 15-15 所示。

图 15-15　报表模板导入

第 16 章

宏与宏项目

宏是指设备、图形、符号等组织到一起的原理图的预定义集合，对宏的使用实际上就是对数据的复用。本章将会介绍宏的定义、组成和创建方式，以及如何通过宏项目管理更新宏。

16.1　宏

在 EPLAN 软件中，宏有窗口宏（"*.ema"）、符号宏（"*.ems"）和页宏（"*.emp"）三类，在 EPLAN Electric P8 中使用宏进行工作有如下优势：

➢ 当用户多次用到原理图中的某些部分和图形时，仅需要对其中的数据和部件作修改。

➢ 用户可以以某一名称来保存原理图部分，以便日后重复使用。

➢ 用户可以把数据集（变量，即技术数据和部件的数值表格）存放到宏中，以免在项目中插入后再对宏作反复修改。为此就要对宏里的所有可能用到的数据进行占位符对象定义。

➢ 用户可以对宏进行集中管理。

16.2　创建宏项目

通过宏项目，用户可以在 EPLAN 软件中集中管理和方便地创建宏，在后续对宏进行修改时，可以集中修改，做到对宏的统一管理。具体创建宏项目的过程如下：

1）单击【文件】→【新建】。

2）在【创建项目】对话框中创建一个新项目，可以参考第 17 章中创建项目的步骤。

3）单击【确定】按钮后，弹出【项目属性：新项目】对话框。

4）在该对话框的【属性】选项卡中，【属性名】选择【<10902> 项目类型】。

5）在【数值】中单击附属的框，并在下拉列表框中选择【宏项目】。

6）单击【确定】按钮，如图 16-1 所示。

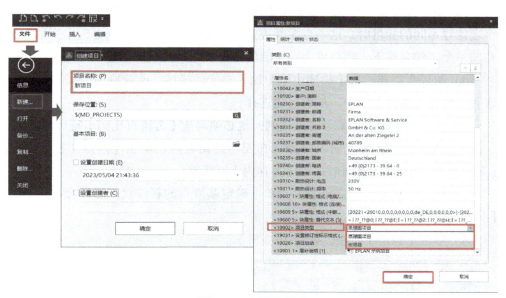

图 16-1　宏项目创建

新的宏项目创建完成，并且可像标准项目一样进行编辑。宏项目并非仅能通过创建新项目来创建，也可首先创建原理图项目，为待生成的宏准备相应的原理图部分，然后通过修改项目属性得到一个宏项目。

16.3　原理图项目中宏创建与使用

16.3.1　在原理图项目中创建宏

用户可以在原理图项目中单独针对设备或者符号集合做宏创建，及时创建宏文件，以备将来使用。宏创建的前提是已打开了一个原理图项目且处于图形编辑中，并已标记了含有所需元素的页上区域或标记了单个元素。

创建宏的具体操作步骤如下：

1）单击【主数据】→【宏】→【创建】（在标记了页上的元素后，创建窗口宏 / 符号宏菜单项也可作为弹出菜单的选项使用），弹出【另存为】对话框，在【目录】框中可以显示预设置的目标目录。

2）在【文件名】框中输入宏的名称。单击 按钮可选择另一个名称 / 另一个目标目录。

3）如果有需要，可在【变量】框中为宏另选一个变量名称。当用户想为一个宏创建不同的变量时，这一点尤其重要。标准情况下，宏会保存为【变量 A】。在同一个文件名称下，用户可为一个宏的每个表达类型最多创建 26 个变量。

4）如果有需要，在【描述】框中输入对宏的描述。此处输入的文本在插入宏时显示在【注释】框中，从而简化选择。

5）在插入宏时，如果考虑页比例，就必须勾选【考虑页比例】复选框。

6）如果想自己确定插入时光标在宏中的附着点，单击【附加】按钮下的【定义基准点】。随后将暂时关闭【另存为】对话框。

7）将光标移动到所需位置上，单击确定基准点的新位置。然后会重新调用【另存为】对话框。

8）单击【确定】按钮，如图 16-2 所示。

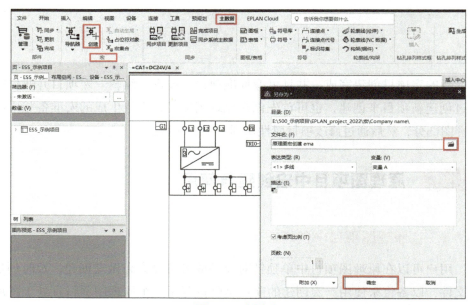

图 16-2　创建宏

宏将在已设置的目录中以"名称→名称→ *.ema（窗口宏）"或"名称→ *.ems（符号宏）"保存。EPLAN 软件会检查在指定的名称下是否已存在一个相应的变量。如果确定已存在，就需决定是否将旧的宏变量覆盖。

16.3.2　插入窗口宏和符号宏

当用户准备在项目中使用宏进行原理图设计时，可通过【插入中心】进行窗口宏和符号宏的插入使用。

插入窗口宏和符号宏的前提条件是：

➢ 已在图形编辑器中打开了一个项目页。

➢ 已通过单击【文件】→【设置】→【用户】→【图形的编辑】→【宏】，在【打开占位符对象值集选择对话框】中勾选了【在插入窗口宏时】复选框，如图 16-3 所示。

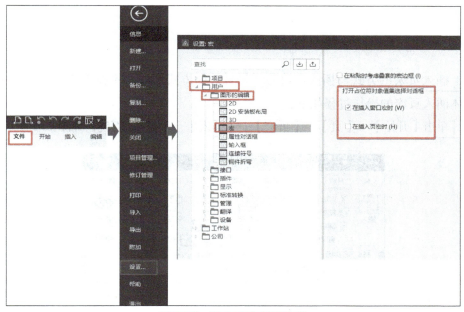

图 16-3　插入宏之前的设置

插入窗口宏和符号宏的步骤如下：

1）单击【插入中心】→【开始】→【窗口宏 / 符号宏】，如图 16-4 所示。

2）通过文件夹结构导航至所需的窗口宏 / 符号宏。

3）选择想插入的窗口宏 / 符号宏，插入到原理图中。

图 16-4　插入窗口宏和符号宏

16.3.3　插入页宏

插入页宏的方式与插入窗口宏和符号宏的方式不同，不在【插入中心】中，具体插入页宏的操作过程如下：

单击【开始】→【页】→【页宏】→【插入】→【插入页宏】，如图 16-5 所示。

图 16-5　插入页宏

16.4　宏导航器

在宏文件中，宏可以（取决于是窗口宏、符号宏还是页宏）用不同的表达类型保存，且每种表达类型的宏可以保存在多个变量中。为了条理清晰地显示并管理项目中的宏，可以使用宏导航器，在该导航器的树中以层结构显示宏。在宏的节点下显示表达类型和变量，如图 16-6 所示。

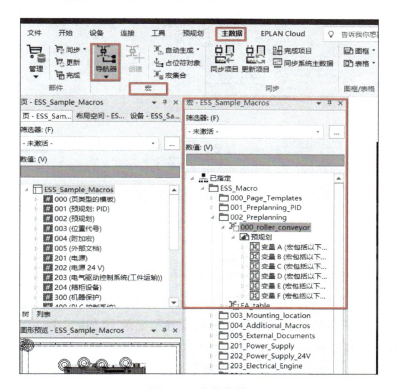

图 16-6　宏导航器

16.5　自动从宏项目生成窗口宏和符号宏

为了更好地管理宏，在宏项目中自动创建并生成宏，有利于用户对宏进行批量修改更新，保持宏数据的数据安全。

生成宏的前提条件是：

➢ 已创建并打开了一个宏项目。

➢ 打开了含有准备生成宏对象（如原理图符号、图形等）的页。

生成宏的操作步骤如下：

1）单击【主数据】→【宏】→【导航器】→【插入宏边框】，如图 16-7 所示。用鼠标框住所需的对象，重复该步骤，直到所有想要生成宏的对象已全部定义宏边框。通过取消操作弹出菜单项或按〈Esc〉键结束操作。

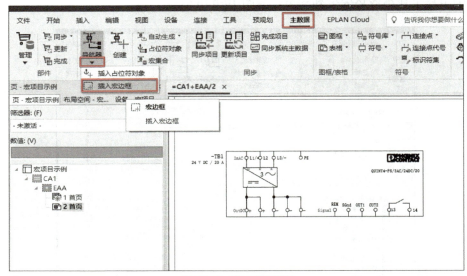

图 16-7　插入宏边框

2）双击宏边框的角点。在【属性（元件）：宏边框】对话框的【宏边框】选项卡中为【使用类型】下拉列表框预设置了记录【已指定】。由此，自动生成的宏在插入到原理图项目 / 宏项目中时将获得使用类型【仅参考】，并且在需要时可进行更新。宏边框的【使用类型】下拉列表框是 EPLAN Electric P8 新版本与 EPLAN V2.9 及以前版本有所不同的地方，拥有四种使用类型，具体含义如下：

①【未指定】：可用于宏的生成和更新，符合之前（低于 EPLAN V2.8）的 EPLAN 软件的特性。此使用类型仅出于兼容性原因存在。

②【已指定】：在生成宏时考虑使用（如用于宏项目中准备好的可以生成宏的对象）。

③【仅参考】：在有更新需求时考虑使用（如对于原理图项目中可能将来会有更新数据进行更新的宏）。

④【仅从属】：既无法用于宏生成，也无法更新（如对于其宏边框叠套在另外一宏边框中，被用作"内部"宏边框的宏）。

3）在【宏边框】选项卡中输入待生成的宏的数据。为了能创建宏，必须在【名称】框中至少录入一个宏名称。如果未指定文件扩展名，则从相应的宏边框中生成一个窗口宏（"*.ema"）。为了生成符号宏，请指定包括文件扩展名（"*.ems"）在内的宏名称。

4）单击【确定】按钮。

5）对于全部其他宏边框，重复步骤 2）~4）。

6）单击【主数据】→【宏】→【自动生成】，如果在生成时想要覆盖已确定的宏目录中已有的宏，在【自动生成宏】对话框中勾选【覆盖现有的宏】复选框。

7）单击【确定】按钮，如图 16-8 所示。

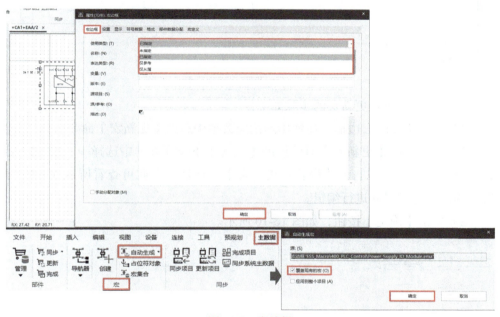

图 16-8　宏编辑

16.6　更新宏 - 原理图宏自动更新

在宏边框上可使用不同的功能，借助这些功能用户可以在宏项目中更改已完成好的宏或者在原理图项目中更新已插入的宏。在【宏边框】选项卡中的【使用类型】下拉列表框设置，可以确定哪些对于宏的典型功能（自动生成宏、更新宏）可执行，而哪些无法执行。在宏项目中插入宏边框时，预设置了使用类型为【已指定】，在自动生成宏时将保存此使用类型。然后在插入到原理图项目中时，EPLAN 平台中的使用类型将自动修改为【仅参考】。通过这种方式，生成的宏（宏项目中的设置正确时）可以被直接使用并且在需要时进行更新。

其中更新宏的前提条件是已选择一个或多个使用类型为【仅参考】或【未指定】的准备好或已插入的宏，如图 16-9 所示。在附属宏边框中，可以借助同名的下拉列表确定使用类型。

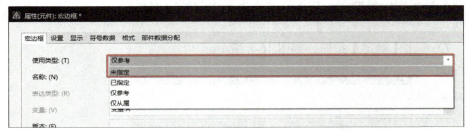

图 16-9　宏边框使用类型

通过宏边框单独更新宏的步骤如下：

1）右击所需的宏边框，在弹出的快捷菜单中选择【更新宏】命令。

2）在弹出的【更新宏】对话框的【设置】下拉列表框中选择一个合适的配置或单击 … 按钮，以打开【设置：更新宏】对话框，在此可查看所选配置的设置，创建固有配置并进行编辑。

3）单击【确定】按钮，如图 16-10 所示。

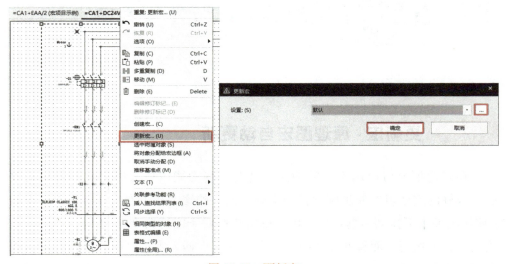

图 16-10　更新宏

在指定的宏目录中查找所选宏边框的附属宏文件。如果此目录中存在所选宏，则在宏文件内查明合适的变量和表达类型，并通过附属宏边框根据已确定的设置更新宏。如果在更新时出现错误，则将会在系统消息中记录这些错误。

通过宏导航器更新多个宏步骤如下：

1）单击【主数据】→【宏】→【导航器】。

2）在宏导航器的树中标记一个项目或多个宏。

3）右击，在弹出的快捷菜单中选择【更新宏】命令，在弹出的【更新宏】对话框的【设置】下拉列表框中选择一个合适的配置或单击 … 按钮，以打开【设置：更新宏】对话框，在此可查看所选配置的设置，创建固有配置并进行编辑。

4）单击【确定】按钮，如图 16-11 所示。

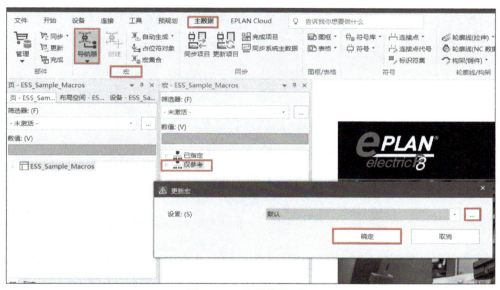

图 16-11　宏导航器更新

用户可以在指定的宏目录中查找到所选宏的附属宏文件。如果此目录中存在所选宏，则在宏文件内查明合适的变量和表达类型，并根据已确定的设置更新宏。如果在更新时出现错误，则可以在系统消息中看到这些记录的错误。

第3部分　EPLAN Electric P8 工程应用

第 17 章
新建项目

绘制一套图纸，首先需要新建一个项目。新建项目是创建原理图页和绘制原理图内容的前提。

🗇 **本章练习目的：**

➢ 新建项目。
➢ 编辑项目信息。
➢ 设置项目属性。

17.1 新建项目介绍

EPLAN Electric P8 可以通过以下两种方式进行项目的新建。

1）直接新建项目：单击【文件】→【新建】，如图 17-1 所示。

2）通过【项目管理】对话框新建项目：单击【文件】→【项目管理】，在弹出的【项目管理】对话框中单击【组织】按钮，按序进行项目的新建，如图 17-2 和图 17-3 所示。

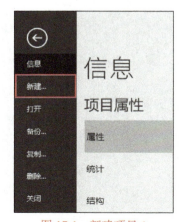

图 17-1　新建项目 1

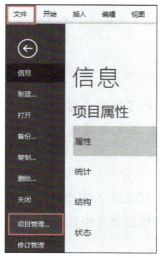

图 17-2　新建项目 2

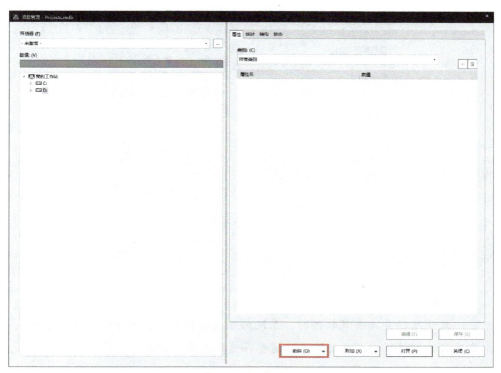

图 17-3　新建项目 3

17.2   项目信息

1. 项目名称

在【创建项目】对话框的【项目名称】框中输入项目名称，这里将项目名称命名为【ESS_示例项目】。需要注意的是，在相同保存位置下，项目名称不可以重复。

2. 保存位置

选择项目的保存位置，可以通过 按钮进行存储路径选择；或右击【保存位置】的输入框，在弹出的快捷菜单中选择【恢复为默认值】命令进行快速保存定位，如图 17-4 所示。

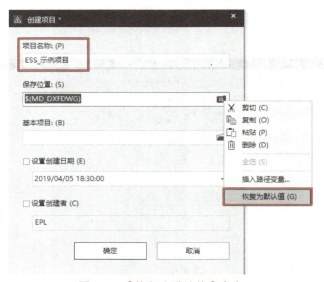

图 17-4 【恢复为默认值】命令

 提示：默认路径

默认路径是在安装软件时，系统为项目数据和主数据分配的存储位置，在项目绘制过程中，也会默认从这些存储位置调用数据。

默认路径的查询和修改可以通过单击【设置：目录】对话框的【用户】→

【管理】→【目录】进行，如图 17-5 所示。

图 17-5　默认数据路径

3. 基本项目

在新建项目时，必须指定一个基本项目。在早期版本的 EPLAN Electric P8 中，基本项目也会被称为项目模板，其中包含了项目设置、项目数据、图纸页等内容。EPLAN 软件为用户提供了包括 GB（国标）、IEC 等多种标准的基本项目。

可以根据需要，选择是否在创建项目时，勾选【设置创建日期】和【设置创建者】这两个复选框，这两个数据在项目创建后便无法修改。

 提示：

在新建项目时，系统会将基本项目中的信息与系统主数据进行比对，确保项目数据和系统数据库同步。用户可以根据自身项目的实际情况，确定是否更新主数据。默认情况下，建议在弹出的【项目主数据】对话框中单击【是】按钮，如图 17-6 所示。

图 17-6　更新主数据

17.3　项目属性

项目创建成功后，用户可以在【项目属性：新项目】对话框中对项目的属性信息进行预设，如图 17-7 所示。

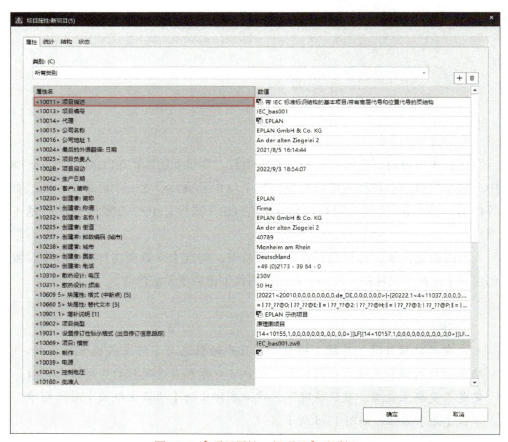

图 17-7　【项目属性：新项目】对话框

操作步骤如下所示：

1）单击【项目属性：新项目】对话框中的 ⊞ 按钮弹出【属性选择】对话框，将没有呈现的属性信息罗列到项目属性列表中，如图 17-8 所示。

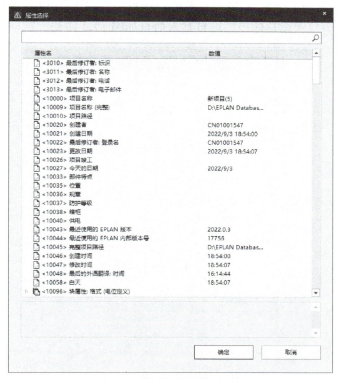

图 17-8　【属性选择】对话框

2）单击【项目属性：新项目】对话框的 🗑 按钮可以将该对话框中不相关的条目删除，但不会影响该条信息的内容。

一些信息在该对话框中是无法编辑的，需要通过其他渠道进行编辑，又或者该信息本身禁止编辑。【项目属性：新项目】对话框包含的信息类型如下：

➢ 【属性】选项卡在项目编辑过程中仍然可以修改。在页导航器中右击【项目名称】，可以打开【属性选择】对话框。除了属性信息外，其他项目类别也可以为用户的设置提供帮助。

➢ 【统计】选项卡可以查看当前项目图纸页的分布和编辑情况。

➢ 【结构】选项卡可以设置各类设备在该项目中结构的表示方式。

➢ 【状态】选项卡可以对项目中各类设备的检查结果进行概览。

17.4 操作实践

新建一个名为【ESS_ 示例项目】的新项目，本次选择【Ess_Sample_project_2022.zw9】作为基本项目使用。项目基本信息如图 17-9 所示。

图 17-9　项目基本信息

 提示:

为方便读者顺利完成工程应用中的示例项目操作，本书提供了资料的下载链接供读者参考，内容包括:

1）创建示例项目时所使用的基本项目：IEC_Sample_project_2022.zw9。

2）操作指导：内容包括完成示例项目原理图内容以及配套的部件清单。

另外，用户可以使用 EPLAN Electric P8 自带的部件库作为示例项目的部件库使用。

第 18 章
400V 供电电源绘制

本章将介绍如何新建原理图页面，并基于设备进行原理图的绘制。

本章练习目的：

➢ 了解如何创建原理图页。

➢ 了解部件及符号的放置。

➢ 了解快速绘图技巧。

18.1　新建页

18.1.1　新建页介绍

新建页是将一页图纸新建到项目中，并在页面上进行原理图绘制。EPLAN
软件可以基于不同的页类型绘制不同的原理图。

新建页的方式有两种：

➢ 在页导航器中选中项目，右击，在弹出的快捷菜单中选择【新建】命令。

➢ 单击【开始】→【页】→【新建】，如图 18-1 所示。

图 18-1　新建页

新建一页图纸时，需要对图纸的基本信息进行输入，内容包括完整页名、页类型、页描述等，如图 18-2 所示。

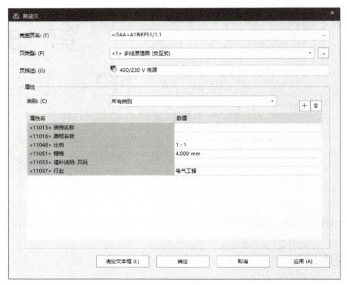

图 18-2　页信息输入

1. 完整页名

完整页名包括了该页图纸在项目结构中的所在位置，单击 ⋯ 按钮打开【完整页名】对话框进行设置，也可以直接在【新建页】对话框的【完整页名】框输入页的结构信息。

例如，将该页图纸设置在 "=GAA+A1&EFS1" 结构下，并将【页名】设置为【1】。如图 18-3 所示，该页图纸的完整页名就是 "=GAA+A1&EFS1/1"。

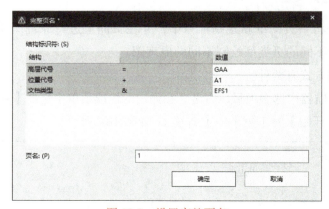

图 18-3　设置完整页名

2. 页类型

单击【页类型】下拉列表框，选择需要的页类型。对于列表框中不包括的内容，可以单击 ⋯ 按钮进入【添加页类型】中进行选择。这里选择【<1> 多线原理图（交互式）】作为该页图纸类型。

每个页都有一个特定的页类型。不同类型的页针对不同的使用场景，例如，多线原理图页用来绘制复杂的电气原理；单线原理图页用来绘制一次回路、组态图等；安装板布局图用来绘制柜体的 2D 安装图等。页类型在新建页时选定，但之后可修改。

页类型可以给用户带来更便捷的操作，如快速筛选、加速报表执行等。不同的页类型使用不同的图标表示，见表 18-1。

表 18-1　页类型

图标	含义
	多线原理图页
	单线原理图页
	流体工程的原理图页
	管道及仪表流程图的页
	对象标识符已确认用于其构建的页面
	图形页（"图形"页类型）
	安装板布局页
	总览页
	拓扑页
	预规划页
	自动生成页（所有报表：总览、列表和图）
	带有不确定"外部文档"的页。如果已在计算机上安装了程序，则将显示所属的图标，否则为此处显示的"中性"图标
	已打开的符号
	已打开的图框
	已打开的表格
	已打开的轮廓／已打开的构架

3. 页描述

页描述是设计人员对该图纸的功能备注，例如，将这页图纸命名为"400/230V 电源"。

4. 属性

【属性】栏里默认显示该页所使用的表格、图框、图纸比例和栅格大小。根据 IEC 标准，每种页类型都有对应的栅格要求，绘制多线原理图标准是 4mm，默认不做修改，如图 18-4 所示。

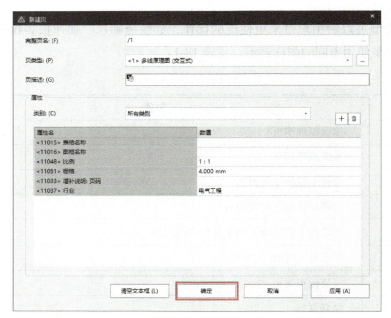

图 18-4   页属性

单击【确定】按钮完成新页面的创建，如图 18-5 所示。

以上信息也可以在项目编辑过程中进行修改。在页导航器中选择需要编辑的图纸页，右击，在弹出的快捷菜单中选择【属性】命令即可，如图 18-6 所示。

18.1.2   页导航器编辑页

页导航器是 EPLAN 软件的项目绘制过程中最常用的工具之一，是访问原理图纸的一个入口。该导航器列出了项目中所有生成的图纸页，通过页导航器，设计人员可以快速地对页面进行新建、打开、关闭、剪切、复制、粘贴、删除、重命名等基础操作，也可以对图纸页进行编号以及页宏的创建和插入。

图 18-5　示例页信息

图 18-6　修改页属性

在页导航器中可选择以列表或树结构显示项目的页。此处可执行基于页的重要编辑操作，如创建、打开、复制、删除、导出和导入页，以及页编号和编辑页的核心数据等。

与操作系统一样，在页导航器中也可以使用〈Ctrl〉和〈Shift〉键，辅助鼠标对图纸页进行多选。

1. 新窗口中打开

图纸打开的一般操作是在页导航器中，选中需打开的图纸并双击进行的，这种操作方式会将当前图形编辑窗口的页面进行替换。而通过【新窗口打开】的操作方式，可以在保留原窗口的同时，将当前页面生成一个新的窗口，用于两页或更多的图纸同时查看。

2. 编号

该功能可以对所选择页面的编号进行单独修改以及批量修改，但不改变页面所处的结构。【给页编号】对话框如图 18-7 所示。

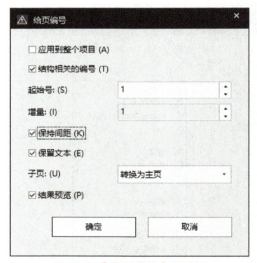

图 18-7　【给页编号】对话框

该对话框中包含的内容有以下几项：

1）【应用到整个项目】：如果勾选此复选框，则对该页所处的项目内的所有图纸页进行编号；如果不勾选，则仅对已经手动选择的页执行编号。

2）【结构相关的编号】：如果勾选此复选框，则不同高层代号内的图纸页都会按照该设定设置的规则进行编号。

3）【起始号】和【增量】：起始的页码及间隔量。

4）【子页】：如果一个功能需要多页图纸进行描述，则会使用【子页】功能。子页通常使用"数字 + 字母"的方式进行表达，如"1.a""1.b""1.c"等，这里可以选择是否对子页进行编号。

3. 创建页宏 / 插入页宏

EPLAN 软件可以将页导航器中标记的一页或者多页图纸保存为"页宏"，需要注意的是，另存为页宏时也会将图纸上的图片格式信息一并保存。

通过创建页宏，设计人员可以灵活地复用过往的设计案例，从而提高设计的标准化和效率。在创建页宏时，需要确认页宏创建的目录、页宏名称（"*.emp"）、表达类型和变量。表达类型和变量会根据现有的页类型进行默认取值。

在图 18-8 所示的【另存为】对话框中单击【确定】按钮便可以创建页宏。宏将以"*.emp"的方式保存在已设置的路径中，EPLAN 软件将检查是否存在指定名称的宏。如果确定已存在，就要决定是否用新宏覆盖旧宏。

图 18-8　另存为页宏

页宏的另一种应用场景是：当某大型项目按照模块设计，设计师 A、B、C 分别设计图纸的不同模块，最终汇总在一份图纸上时，用户便可以通过创建和插入页宏的形式来实现简单合并项目。

页宏的插入需要输入图纸页的结构信息，这与图纸的复制、粘贴操作一致。

18.2　插入设备

18.2.1　查找与放置

EPLAN 新平台将插入符号、设备和窗口宏 / 符号宏的功能放置在了编辑窗口右侧的【插入中心】内，如图 18-9 所示。

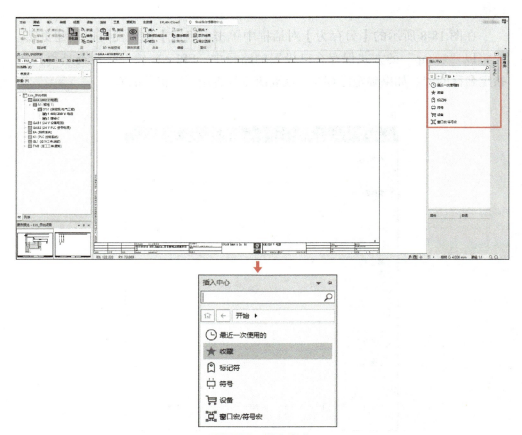

图 18-9　插入中心

用户可以通过设备编号在【插入中心】内进行查找，或根据所选设备类型在设备类表中进行逐级搜索。根据搜索的结果选中该部件，将其放置在原理图编辑页面中。

使用拖拽或双击的方式，将选中的设备图标放置在原理图编辑页面中。设备图标会随着鼠标悬停在原理图中，单击或按〈Enter〉键来确认放置位置。

18.2.2 编辑设备属性

将设备符号放置在原理图编辑页面后，可以通过双击设备图标，或右击设备图标，在弹出的快捷菜单中选择【属性】命令进行属性编辑。

【属性（元件）：常规设备】对话框包含了该设备所有的相关信息，包括部件编号、显示信息、符号数据/功能数据、部件信息以及显示格式等，如图 18-10 所示。

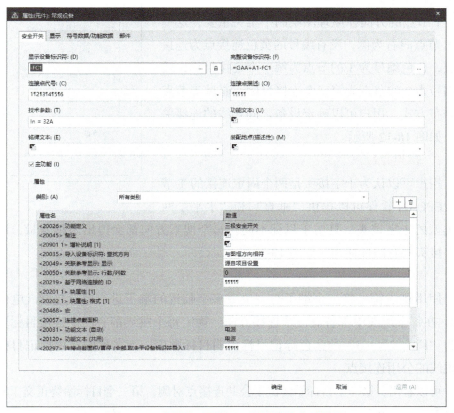

图 18-10 【属性（元件）：常规设备】对话框

连接符号位于菜单栏中的【插入】→【符号】命令组内，如图 18-11 所示。

图 18-11　插入连接符号

在 EPLAN 软件中，各部件的连接点只要在图纸页面中对齐，便会进行自动连线。而连接符号可以将图纸中的横向线条和纵向线条进行更加多样化连接。

连接符号的分类包括 T 节点、十字接头、跳线、对角线连接、断开连接等。

1. T 节点

T 节点共有四种样式：向上、向下、向左和向右，每个样式又具有四种目标排列方式，因此总计有十六种 T 节点。

T 节点的方向在原理图绘制中至关重要，这里以 T 节点向右为例，没有编号的黄色连接点为连接起点，蓝色编号为 1 的节点为第一个连接目标，蓝色编号为 2 的节点为第二个连接目标。通过 T 节点的分布方式，用户可以确定设备之间导线的连接关系，如图 18-12 所示。

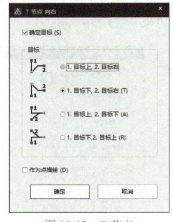

图 18-12　T 节点

2. 十字接头

用户可以认为十字接头是两个固定连接的 T 节点，EPLAN 软件可以提供"垂直"和"水平"两种类型的十字接头，且由于目标不同，每个搜索方向都会得出两种变量，因此十字接头共有四种样式，如图 18-13 所示。

3. 跳线

使用跳线符号将一个端子与一个或多个临近的端子进行电气连接（电位分配），在每个跳线中都各有三个连接方向，规定每个跳线都有四个连接目标。标记为"1""2""3"的蓝色标记目标说明目标顺序，无名称的黄色标记目标表示跳线的公用连接点。

可以看出，第一个目标始终位于公共连接点对侧，第二个目标始终正交于右角左侧或正交于上方，第三个目标始终正交于右侧或正交于下方，如图 18-14 所示。

图 18-13　十字接头

图 18-14　跳线

 提示：

十字接头和跳线在原理图中，表现的是两种完全不同的连接表达方式。通常十字接头用于部件之间的等电位连接，而跳线的使用场景通常是端子，用户需要格外注意。

---

4. 对角线连接

在默认情况下，原理图内的导线连接都需要遵循水平或者垂直方向。但个别情况下需要有一些"交叉线"的表达方式如双绞线等，这样就需要使用对角线连接功能，如图 18-15 所示。

图 18-15　对角线连接

5. 断开连接

如果部件之间的自动连线不是原理图需要的，可以在连线上插入 ▪ ▪ 断开连接符号，将该连线手动切断，如图 18-16 所示。

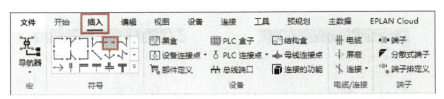

图 18-16　断开连接

插入后的断开连接符号在原理图中以一个隐藏的圆圈 ○ 表示，用户需要将隐藏元素设置为可见，该连接点才能显示出来。

18.3　插入中断点

中断点在原理图设计中有着广泛的应用，可以实现在原理图中引入一个连接、网络、电位或信号。中断点名称可以是信号的名称，在使用中不区分源中断点和目标中断点，源中断点、目标中断点会被系统自动判定。

1. 中断点导航器

EPLAN 软件单独为中断点设计了导航器，方便快速定位所需要的中断点。单击【连接】→【中断点】→【导航器】进入中断点导航器，操作如图 18-17所示。

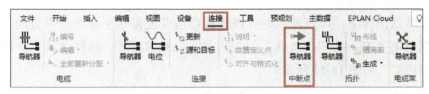

图 18-17　【连接】选项卡

2. 中断点排序

EPLAN 软件对中断点在原理图页间的跳转，默认采取"顺序"的排序方式，即按照页结构的顺序对其内部的同名中断点进行排序，如图 18-18 所示。

以图 18-19 为例，该中断点"24V"的默认排序是按照完整结构标识符 GD1 → KF1 → S01…的方式排序。中断点排序功能可以根据设计者需要，使用 ⬆ 和 ⬇ 按钮对中断点进行手动排序，从而满足原理图设计需要。

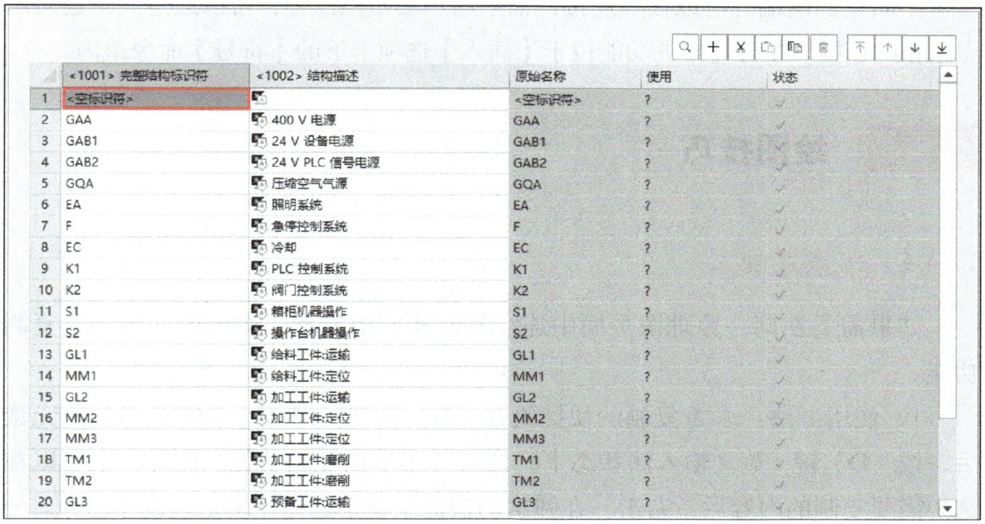

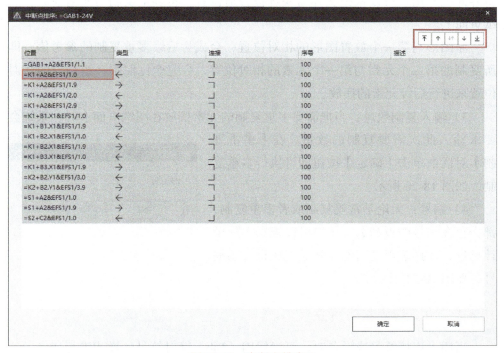

图 18-18　中断点排序 1

图 18-19　中断点排序 2

3. 中断点连接

中断点的两端都可以接线连接，如果用户不希望这样，可以通过一个连接断点阻止此连接。断开连接的功能位于【插入】选项卡下的【符号】命令组内。

18.4　绘图技巧

18.4.1　多重复制

如果需要在同一原理图页面中连续复制相同的元素，则可以使用多重复制功能。

1）使用方法：多重复制的快捷键是〈D〉按键，即在选中需要复制的元素后，按〈D〉键（英文输入法状态下）即可开启多重复制功能。此外，也可以在选中需要复制的内容后，右击，在弹出的快捷菜单中选择【多重复制】命令。

2）确定相对位置：开启多重复制后，待复制的元素会随光标悬浮在图形编辑界面上。用户可以根据实际需要选择合适位置，将多重复制的元素摆放在图纸页面上。

原图形与第一个放置图形的相对位置，会成为后续多重复制的参考值，即所复制的第二个元素与第一个元素的相对位置，会完全比照第一组预设的相对位置来进行后续元素的摆放。

3）输入复制数量：当把需要多重复制的元素摆放在图纸页面上时，系统会要求输入此次需要复制的数量。在【多重复制】对话框单击【确定】按钮即可执行多重复制，如图 18-20 所示。

4）编号：无论是常规复制或者多重复制，都会存在编号的再命名，用户可以根据实际设计场景，选择多重复制的元素是否执行自动编号，如图 18-21 所示。

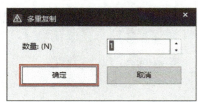

图 18-20　多重复制

18.4.2　快速切换符号样式

当插入连接符号或设备时，可以使用〈Tab〉键对符号的样式进行切换。这种方式同样适用于符号宏 / 窗口宏的创建。

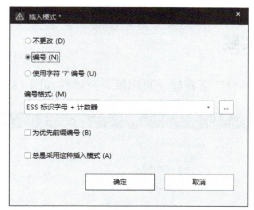

图 18-21　编号

　　操作方法是当选择的符号或设备随着光标在图形编辑界面悬停时，按〈Tab〉键可以顺序地切换该符号的方向或样式。

　　如图 18-22 所示，以一个三相安全开关为例，共有八种不同的符号样式，使用〈Tab〉键切换的就是这个样式所指代的变量。

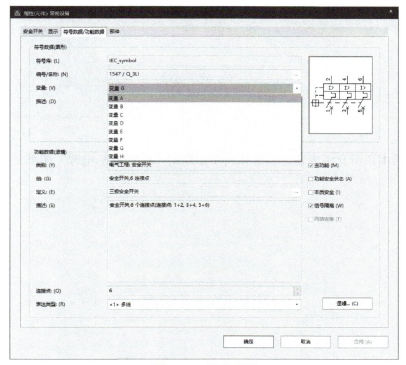

图 18-22　设备变量

18.5   操作实践

在"ESS_示例项目"下新建一页图纸，页属性如图 18-23 所示。

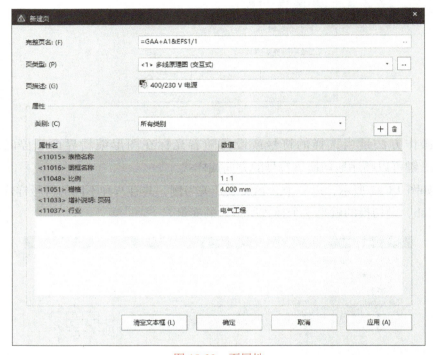

图 18-23   页属性

按照本章所介绍内容，参考相关步骤绘制"400/230V 电源"图纸。

第 19 章
路径功能文本

路径功能文本简化了文档，因为不必在每个原件上都录入功能文本，可在原理图路径内任意定位此文本，并在生成 PLC 关联参考时，在端子图和材料表中为此文本生成报表。

若不在元件旁录入固有功能文本，则在计算时从原理图路径中使用功能文本。

本章练习目的：

- ➢ 了解路径功能文本的基本原理。
- ➢ 了解插入路径功能文本。
- ➢ 了解功能文本（自动）。
- ➢ 校准：激活功能文本位置框。

19.1 插入路径功能文本

在 EPLAN 软件的原理图绘制过程中，每个部件都要有其必要的功能定义，所定义的内容通常用于描述该部件在项目中的实际作用，以便于后续生成 PLC 总览图、端子图、电缆图等文档时，有更加直观的呈现，这种文本称为功能文本。

路径功能文本则是借助上文提到的路径，借助路径变量将文本内容扩展到所在路径的一种文本。在该路径下的所有部件都会共享路径功能文本的内容，这样简化了每个部件的功能文本输入，不必在每个元件上都录入功能文本。路径功能文本会自动更新所关联部件的参数【<20031> 功能文本（自动）】，用户可以通过【属性】对话框进行查找。

路径功能文本的插入方式有以下两种：

方法一，单击【插入】→【路径功能文本】，如图 19-1 所示。

图 19-1   插入路径功能文本 1

方法二，插入普通文本框（普通文本可通过菜单栏插入，或在原理图页面右击，在弹出的快捷菜单中选择【插入文本】命令），之后将普通文本转化为路径功能文本。操作方法就是在【属性（文本）】对话框中勾选【路径功能文本】复选框，如图 19-2 所示。

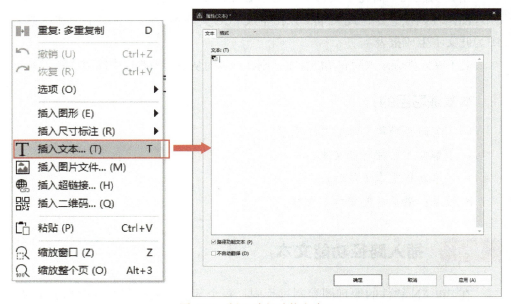

图 19-2   插入路径功能文本 2

19.2   放置路径功能文本

输入路径功能文本的内容后，单击【确定】按钮，文本便会随着光标悬停在原理图页面上。单击鼠标左键或按〈Enter〉键，便可放置功能路径文本。

插入点是一个符号 / 部件在定义时，预设的参考位置。当有符号 / 部件插入到原理图上时，会基于其插入点进行放置。每个放置在原理图页面的部件都具有唯一的一个插入点，单击【视图】→【插入点】，即可将图纸页中所有元素的插入点进行概览，如图 19-3 所示。

插入点的位置决定了该部件在原理图页面中所处的位置。

图 19-3　【插入点】命令

默认情况下，如果路径功能文本的插入点与其他部件的插入点纵向对齐，文本的内容便会自动扩展到纵向所有的部件上，自动修改部件的【功能文本（自动）】数值。

19.3　设置路径功能文本扩展到路径

很多情况下，用户无法保证所有部件的参考点都会在纵向精确对齐，因此 EPLAN 软件在原理图设计中引入了"路径"的概念。

1. 路径

EPLAN 软件默认将一个原理图页纵向分割成了十个区域，从左到右数字依次为 0~9，即有十个路径。有了这些路径，用户可以快速定位部件在图纸中的位置，尤其是某些部件产生了关联参考时，可以通过参考点的路径标识来快速定位。

例如，某一中断点的关联参考的信息为"=GA1+A1/1.9"，那么代表该中断点的配对物位于图纸"=GA1+A1/1"的路径 9 内。

同样，【路径】选项可以在【视图】选项卡中找到，开启该选项，即可看到图纸被分隔的实际情况，如图 19-4 所示。

2. 设置路径功能文本扩展到路径

在【设置：常规】对话框中单击【项目】→【项目名称（ESS_示例项目）】→【图形的编辑】→【常规】，在右侧勾选【将路径功能文本扩展到路径（E）】复选框，单击【确定】按钮，如图 19-5 所示。

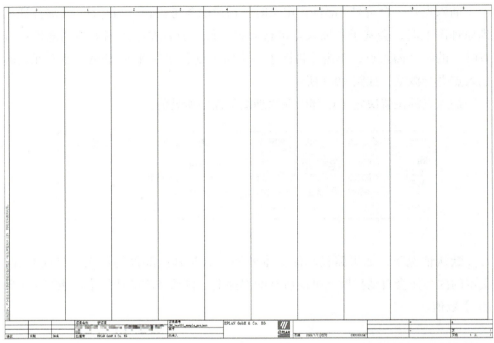

图 19-4 图纸路径

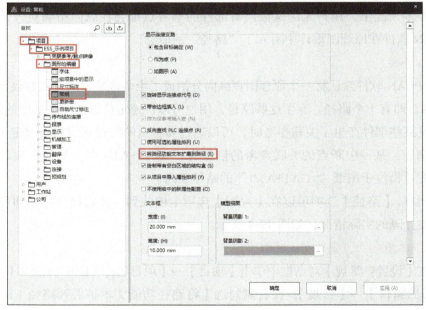

图 19-5 将路径功能文本扩展到路径

该设置的作用是将路径功能文本的内容扩展到所在路径所有的部件上，使相关部件的插入点无须对齐，只要放置在同一路径下，【功能文本（自动）】的数值便可以被所在路径的功能文本自动修改。

19.4　操作实践

➢ 在【400/230V 电源】原理图页面添加路径功能文本，添加【电源】文字说明，并查看【-FC1】部件的【功能文本（自动）】的数值是否被修改成了【电源】字样，如图 19-6 所示。

图 19-6　功能文本

➢ 按照如下页属性新建一个原理图页，名为【信号灯】，如图 19-7 所示。

➢ 按照本章以及前一章所述内容，绘制【信号灯】页面。

➢ 在【400/230V 电源】页面增加母线连接点，并为母线连接点编号，如图 19-8 所示。

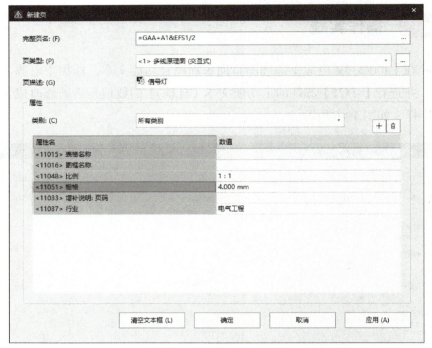

图 19-7　【新建页】对话框

图 19-8　母线连接点

第 20 章
24V 设备电源绘制

部件是 EPLAN 软件电气设计过程中的核心，通过对原理图的绘制，用户可以对部件及项目结构有更深入的认识。

本章练习目的：

➤ 了解部件及其附件。
➤ 了解结构盒的应用。

20.1 部件及其附件

很多情况下，一些电气部件需要搭配某些附件才能达到设计及使用要求。对于这些附件，需要基于主部件的要求，在原理图页面中对它们进行选型，从而保证设备功能和订货数量的完善。

附件主要分为功能附件和安装附件：

1）功能附件是一些带有功能定义的附件，这些附件本身也是部件，只不过在设备定义时，与主部件间设定了附件的关联关系，因为这些附件本身具有功能模板，所以在原理图中存在其符号定义。例如，按钮的触点、电机保护断路器的辅助触点等都属于功能附件。

2）安装附件是电气设备安装时涉及的配套材料，有些厂商对于这些安装材料需要额外订购，如继电器基座、按钮固定座、PLC 总线导轨等。

对于一个已选型的部件，用户可以单击【属性（元件）：常规设备】对话框的【部件】选项卡中的【设备选择】按钮进行附件的挑选，使得一个设备标识符具有两个乃至更多的配套部件，如图 20-1 所示。

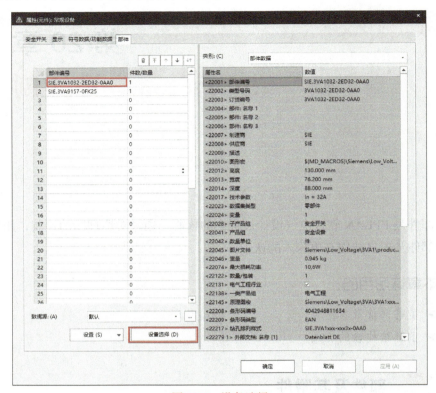

图 20-1　设备选择

20.2　结构盒

结构盒并非设备，而是一个组合，意在向设计者指明其归属于原理图中的一个特定的位置。结构盒内所有的元素可以分配到所在页结构标识符之外的其他结构，元件与结构盒的关联将与元件与页的关联相同。

单击【插入】→【设备】→【结构盒】可插入结构盒，如图 20-2 所示。

图 20-2　插入结构盒

结构盒默认以虚线框的形式插入到原理图中，框选所需进行位置指定的部件。

以本章要绘制的图纸为例，在无结构盒时，"-FC4"电机保护断路器的完整设备标识符为"=GD1+A2-FC4"，其意为在"=GD1+A2"图纸页内的"-FC4"部件。增加结构盒"+A1"后，可以发现该"-FC4"部件的完整设备标识符被更改为"=GD1+A1-FC4"，因为结构盒的缘故，导致该部件的位置代号产生了变更。

通过增加结构盒，用户可以将一页图纸内的不同部件分配在不同功能结构及位置结构下。灵活使用结构盒，可以提高图纸设计的紧凑度，用户识读起来更加方便。

20.3　中断点关联参考

有相同设备标识符的中断点会自动形成关联参考。该关联参考分为以下两类：

1）星形关联参考：在星形关联参考中，将一中断点视为出发点，具有相同名称的全部其他中断点会参考此出发点。在出发点显示与其他中断点关联参考的可格式化列表，在此能确定应显示多少并列或上下排列的关联参考。

2）连续性关联参考：在连续性关联参考中，始终是第一个中断点提示第二个，第三个中断点提示第四个等，提示始终从页到页进行。

另外，还可在一连串关联参考的第一个箭头显示全部其他箭头的关联参考（可设置为每页一个）。可以像在星形源中一样对此关联参考进行格式化。

对于连续中断点，可以在【中断点排序】对话框中设置【成对】构成。另外还可以通过在中断点输入一个序号实现排序，此时星号旁的序号用于影响目标号。

每个中断点都有一个配对物，如果 EPLAN 软件无法找到配对物，就会被识别为错误并输入到【消息管理】系统。

20.4　PLC 连接点

本书的第 24 章会对 PLC 绘图进行详细讲解，这里仅讲解如何使用符号导航器插入 PLC 连接点。

在【插入中心】内选择【符号】中的【IEC_symbol】目录，按照【电气工程】【PLC/总线】插入合适的 PLC 连接点。本次选择插入 "PLC_CBOX_LEFT_PLUG" 样式的 PLC 输入点，插入方法与部件的插入方法相同。

此外，还需要在该模块上添加两个 "PLC_CBOX_PCON_PLUG" 的接头，组成如图 20-3 所示的 PLC 连接点。

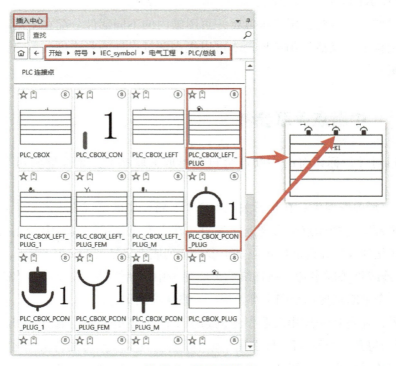

图 20-3　PLC 连接点

随着图纸的完善，可以使用 PLC 导航器或部件导航器，将 PLC I/O 点和电源连接点分配到现有符号上。

20.5　操作实践

按照图 20-4、图 20-5 的属性新建两个原理图页，分别命名为【24V 设备电源】和【24VPLC 信号电源】。并按照本章以及前一章所述内容，绘制【24V 设备电源】和【24VPLC 信号电源】页面。

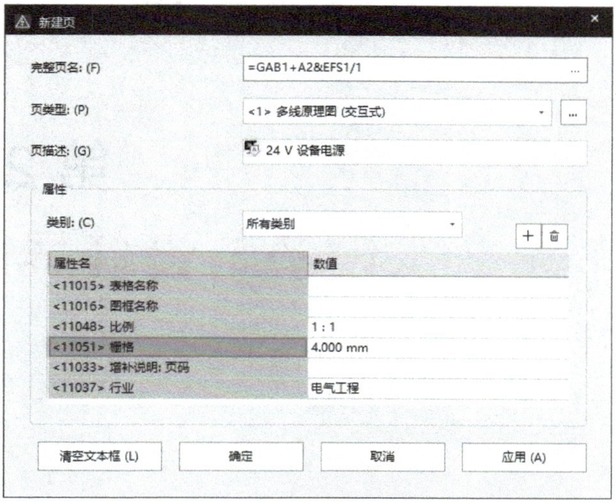

图 20-4　原理图页 1

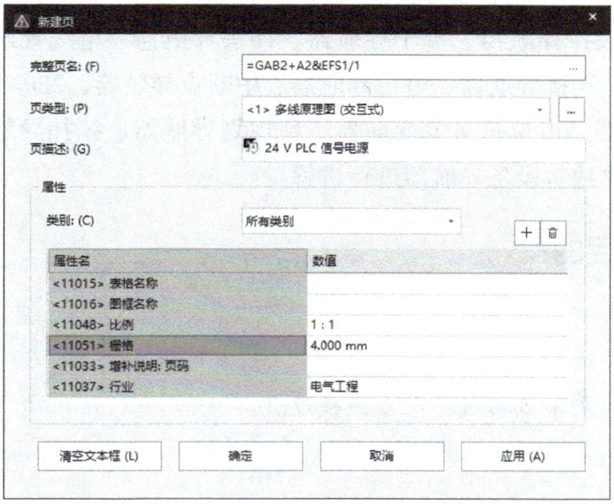

图 20-5　原理图页 2

第 21 章
设备与设备导航器

导航器是 EPLAN 软件的一项核心功能，针对不同的使用场景，EPLAN 软件向用户提供了多种导航器方案。导航器的使用场景覆盖部件、功能领域等多个方面，包括设备导航器、端子导航器、插头导航器、电缆导航器、PLC 导航器、宏导航器、连接导航器、电位导航器、中断点导航器、2D 安装布局导航器、项目选项导航器、占位符对象导航器、预规划导航器、拓扑导航器、电缆束导航器等。本章单独对设备导航器进行讲解。

本章练习目的：

> 了解设备导航器的使用。
> 了解同步选择功能。
> 通过跳出菜单或通过导航器拖拽放置。
> 了解转到（图形）功能。

21.1 设备导航器

通过单击【设备】→【导航器】打开设备导航器，如图 21-1 所示。

图 21-1　设备导航器

设备导航器可以直观地对项目已使用或未使用的部件进行总体管理，其具备以下功能：

- 对项目中的设备信息进行筛选，以快速定位部件。
- 可在项目数据中心设置不同的视图。
- 对部件的放置情况进行识别。
- 对部件进行添加、编辑、删除或放置操作。

设备导航器的使用主要针对原理图绘制，是设计过程中最常见的导航器工具，也部分涵盖其他部件导航器的功能，如端子导航器、插头导航器、PLC 导航器、电缆导航器等。

21.1.1 功能模板

很多部件在新建时，都需要对其所承担的电气功能进行定义，以便当该功能放置在原理图上时，有正确的符号和数字表示。而功能模板能将这些功能进行归类，用户可以根据功能模板所提供的选项并参考每个部件实际的应用场景，为各个部件分配合适的功能模板。

一个部件的功能模板通常需要由一个主功能和若干个辅助功能组成，可以在原理图内形成有效的关联参考。以一个 220V 交流接触器为例，其功能模板需要包括一个主功能，即线圈、主回路分断，以及若干个辅助功能，包括三组常开主触点、一组常开辅助触点和一组常闭辅助触点，如图 21-2 所示。

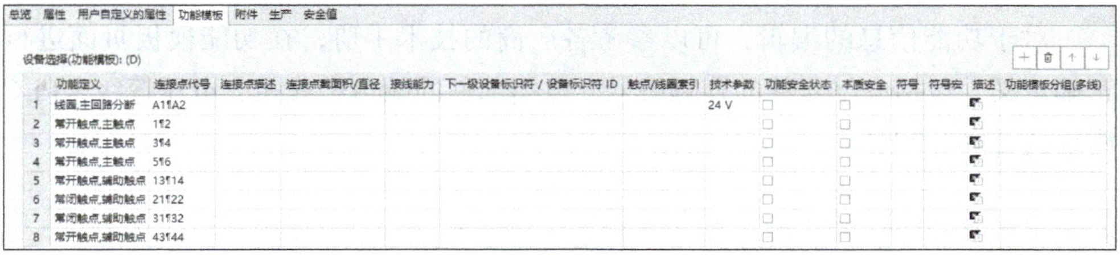

	功能定义	连接点代号	连接点描述	连接点截面积/直径	接线能力	下一级设备标识符 / 设备标识符 ID	触点/线圈索引	技术参数	功能安全状态	本质安全	符号	符号宏	描述	功能模板分组(多线)
1	线圈,主回路分断	A1¶A2						24 V	☐	☐				
2	常开触点,主触点	1¶2							☐	☐				
3	常开触点,主触点	3¶4							☐	☐				
4	常开触点,主触点	5¶6							☐	☐				
5	常开触点,辅助触点	13¶14							☐	☐				
6	常闭触点,辅助触点	21¶22							☐	☐				
7	常闭触点,辅助触点	31¶32							☐	☐				
8	常开触点,辅助触点	43¶44							☐	☐				

图 21-2 功能模板

或以一个 PLC 模块为例，其主功能是 PLC 盒子，辅助功能是 PLC 模块的各个连接点，包括电源连接和输入 / 输出连接等，如图 21-3 所示。

而对于电缆，主功能是电缆定义（在第 27 章电缆与电缆导航器中单独进行讲解），辅助功能则是每一个线芯和屏蔽层等，如图 21-4 所示。

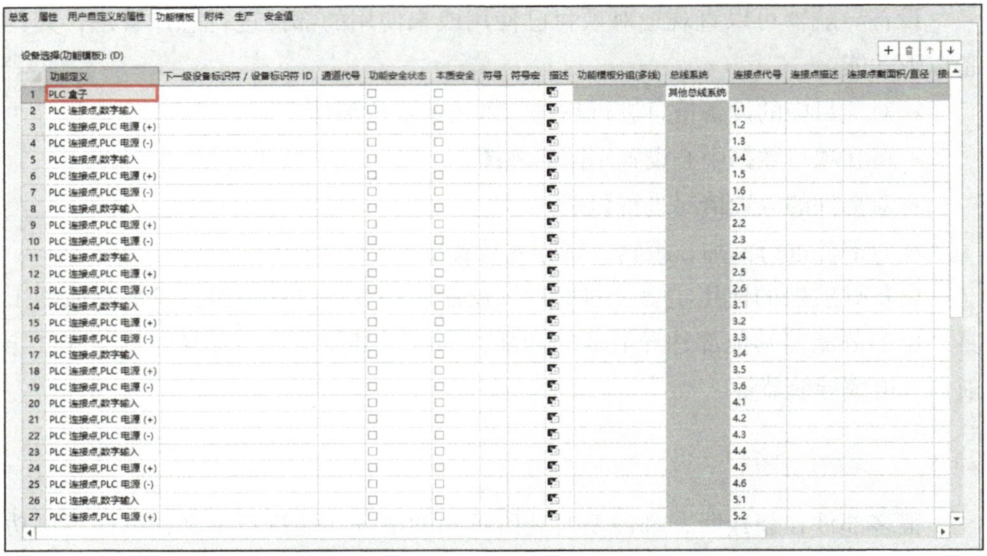

	功能定义	下一级设备标识符 / 设备标识符 ID	通道代号	功能安全状态	本质安全	符号	符号宏	描述	功能模板分组(多线)	总线系统	连接点代号	连接点描述	连接点截面积/直径
1	PLC 盒子									其他总线系统			
2	PLC 连接点,数字输入										1.1		
3	PLC 连接点,PLC 电源 (+)										1.2		
4	PLC 连接点,PLC 电源 (-)										1.3		
5	PLC 连接点,数字输入										1.4		
6	PLC 连接点,PLC 电源 (+)										1.5		
7	PLC 连接点,PLC 电源 (-)										1.6		
8	PLC 连接点,数字输入										2.1		
9	PLC 连接点,PLC 电源 (+)										2.2		
10	PLC 连接点,PLC 电源 (-)										2.3		
11	PLC 连接点,数字输入										2.4		
12	PLC 连接点,PLC 电源 (+)										2.5		
13	PLC 连接点,PLC 电源 (-)										2.6		
14	PLC 连接点,数字输入										3.1		
15	PLC 连接点,PLC 电源 (+)										3.2		
16	PLC 连接点,PLC 电源 (-)										3.3		
17	PLC 连接点,数字输入										3.4		
18	PLC 连接点,PLC 电源 (+)										3.5		
19	PLC 连接点,PLC 电源 (-)										3.6		
20	PLC 连接点,数字输入										4.1		
21	PLC 连接点,PLC 电源 (+)										4.2		
22	PLC 连接点,PLC 电源 (-)										4.3		
23	PLC 连接点,数字输入										4.4		
24	PLC 连接点,PLC 电源 (+)										4.5		
25	PLC 连接点,PLC 电源 (-)										4.6		
26	PLC 连接点,数字输入										5.1		
27	PLC 连接点,PLC 电源 (+)										5.2		

图 21-3　PLC 的功能模板

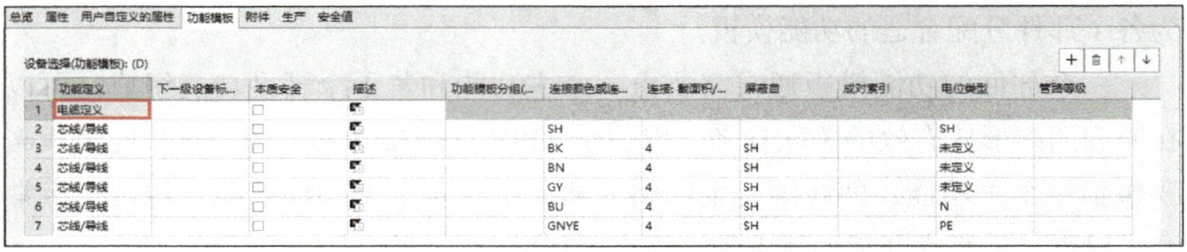

	功能定义	下一级设备标...	本质安全	描述	功能模板分组(...	连接颜色或连...	连接: 截面积/...	屏蔽自	成对索引	电位类型	管路等级
1	电缆定义										
2	芯线/导线					SH				SH	
3	芯线/导线					BK	4	SH		未定义	
4	芯线/导线					BN	4	SH		未定义	
5	芯线/导线					GY	4	SH		未定义	
6	芯线/导线					BU	4	SH		N	
7	芯线/导线					GNYE	4	SH		PE	

图 21-4　电缆的功能模板

对于功能信息的编辑，可以参考各厂商的技术手册，在功能模板页面进行正确定义，包括电气元件的管脚编号、电缆部件的颜色和线径、电压等级、PLC 模块的管脚分配等。

21.1.2　功能数据的放置和分配

在设备导航器中，可以对每个部件的功能在原理图内进行放置和分配。功能数据的放置与分配是基于部件【功能模板】内的信息，借助设备导航器可以直观地看到部件的每个功能是否在原理图中进行过使用。

➢ 对于未使用的功能，可以通过拖拽或【放置】命令，将该功能放置在原理图上。

➢ 如果符号已经放置在原理图上，可以使用【分配】命令，找到已有的符

号 / 部件，如图 21-5 所示。

图 21-5 部件的放置 / 分配

在部件导航器中，可以配合〈Ctrl〉键或〈Shift〉键对功能选项进行复选，做到一次对多个部件的功能进行放置 / 分配，放置的顺序基于功能模板中定义的顺序。

如果直接对主部件进行拖拽、放置和分配操作，则系统会根据该部件功能模板预设的顺序，在原理图内依次摆放各个功能。

在设备导航器中选中某功能，右击，在弹出的快捷菜单中即可看到【放置】、【功能放置】和【分配】命令。

21.1.3 已放置功能

对于已经放置的功能，在其功能上会显示■图标。用户可以选中设备导航器内已经放置的功能，右击，在弹出的快捷菜单中选择【转到（图形）】命令，即可跳转到该功能所放置的原理图页面，如图 21-6 所示。对于放置在原理图上的功能，则可以选中该功能，右击，在弹出的快捷菜单中选择【同步选择】命令，则会自动跳转到该部件在导航器内的对应位置（导航器需要提前打开），如

图 21-7 所示。

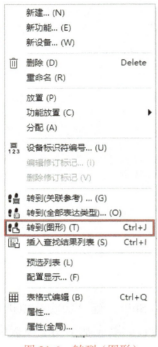

图 21-6　转到（图形）

图 21-7　同步选择

21.1.4　功能的"移除"和"删除"

对于已经放置在原理图内的功能符号，有"删除"和"移除"两种操作方式。无论是"删除"还是"移除"操作，都可以在原理图或导航器内完成。选中部件，按〈Delete〉键是直接删除，而按〈Alt+Delete〉键则是移除。

"删除"操作会同时在原理图内和设备导航器内对所选中的功能进行删除，而"移除"操作是仅将所选功能在原理图内进行删除，但在导航器内进行保留。

需要格外注意的是，对于一个部件的主功能和辅助功能进行"删除"和"移除"操作后，在导航器内的差别，要基于实际应用确定两个功能的使用场景。

21.2　完整设备标识符

对于设备而言，有显示设备标识符和完整设备标识符两类表达方式。两者的关系为：显示设备标识符是将完整设备标识符在原理图内进行了简化显示，从而对原理图内的字符信息进行精简。

这里以在示例项目中出现的一个断路器部件为例，"=GB1+A1-FC1"就是这个部件的完整设备标识符，其表达的意思为：功能层面为"=GB1（电源）"，位置层面为"+A1（箱柜1）"，设备层面为"-FC1"的一个断路器设备。这是一种符合 IEC 81346 标准的电气原理表达方式，此处不再进行赘述，如图 21-8 所示。

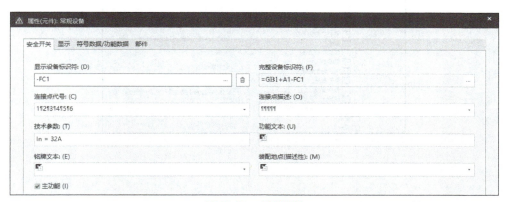

图 21-8　示例设备

显示设备标识符为"-FC1"的原因是这个部件所在图纸页的结构为"=GB1+A1"，与该部件的结构刚好吻合，因此将高层代号和位置代号进行了省略显示，如图 21-9 所示。

=GB1	&EFS1		
电源	原理图,电气工程		
+A1	页		1
箱柜 1	页数	1　从	2

图 21-9　页部分信息

如果该设备的完整设备标识符所包含的高层代号和位置代号与所在图纸页有差异，那么便会在显示设备标识符中体现出来。

　　此外，用户也可以通过单击【文件】选项卡的【设置】→【项目】→【项目名称（ESS_示例项目）】→【设备】→【设备标识符】，对每一类部件在原理图放置时的放置前缀进行设置，如图 21-10 所示。

图 21-10　放置前缀

21.3　属性（全局）

　　属性（全局）模式使得在操作中可同时编辑已分配功能的共用属性。选中部件，右击，在弹出的快捷菜单中选择【属性（全局）】命令，如图 21-11 所示。

　　【属性（全局）】与【属性】命令的区别在于，【属性】命令只能针对选中功能进行编辑，而【属性（全局）】命令则可以同时对该功能所有的关联参考进行编辑。例如，需要对一个接触器的标识符编号进行修改，就可以选中其在原理图页面中的任意一个功能，使用【属性（全局）】命令进入弹出的对话框进行修改，这样与该接触器相关的线圈、主触点、辅助触点的标识符编号都会一次性进行修改。此外，设备的部件修改、中断点标识符的调整等都可以通过【属性（全局）】命令实现批量修改。

图 21-11 【属性（全局）】命令

21.4 操作实践

按照图 21-12 所示的页属性新建一页原理图页，名为【执行器控制系统】。

按照本章以及前一章所述内容，绘制【执行器控制系统】。

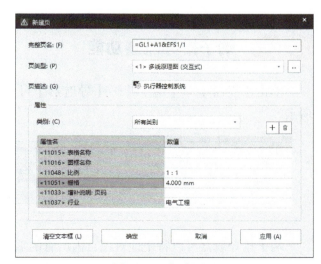

图 21-12 新建页面

第 22 章
端子与端子排导航器

端子是连接电气柜内部元器件和外部设备的桥梁，而端子排是将分散的端子集中在一个结构下进行管理。通过端子排导航器，用户可以快速地实现端子及端子排的编辑。

本章练习目的：

- ➢ 了解如何使用端子排导航器。
- ➢ 了解端子排的编辑和编号。
- ➢ 了解端子附件的设计。

22.1 端子排导航器功能

单击【设备】→【端子】→【导航器】可打开端子排导航器，如图 22-1 所示。

图 22-1　端子排导航器

端子排导航器可以特定地对项目内所有的端子进行操作，包括端子的新建、编号、排序等，同时可以在导航器内生成端子排定义来对设计进行补充和完善。

22.2　端子排规划设计案例

1. 插入端子符号

用户可以在【插入中心】内选择端子符号在原理图内进行放置：进入【符号】选项卡下，在【IEC_symbol】菜单内选择【电气工程】→【端子和插头】，如图 22-2 所示。

在不同的应用场景中，端子作为部件会有不同的表达方式，包括端子接头的个数、是否是多层端子、是否具有鞍形跳线等都会影响端子在原理图页面的表达。

例如，图 22-3 所示为三个端子符号。

其对应的系统描述如下所示：

1）X：端子，常规，带有鞍形跳线，2 个连接点（鞍形跳线之间无连接点的表达）。

2）X1_B：端子，常规，带有鞍形跳线，1 个连接点。

3）X4_2：端子，常规，带有鞍形跳线，2 个连接点（鞍形跳线间有连接点的表达）。

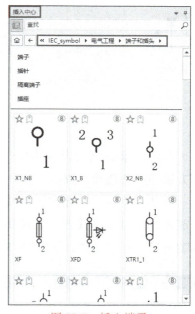

图 22-2　插入端子

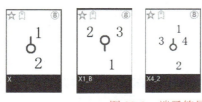

图 22-3　端子符号

这些端子符号看似完全一样，但是在原理图页面中的表达是完全不同的。这需要用户在设计过程中确切地了解自己所使用的端子类型，以便使用正确的符号表达。

2. 外部目标

电气设计中使用端子的目的就是和外部设备进行连接，因此需要在原理图绘制时明确端子的内部目标和外部目标。有些端子符号在原理图中无法直观显示其所对应的内部目标或外部目标，用户可以通过单击【视图】→【外部目标】命令来显示端子指向，如图 22-4 所示。

图 22-4　外部目标

3. 设备选择

与前一章提到的设备选择一样，端子作为部件同样需要进行选型操作，操作方法与设备选择一致。

需要注意的是，用户需要对端子进行额外的功能定义，因为端子除了常规功能外，还具备零线 N、地线 PE 以及屏蔽线 SH 等功能，这都需要用户在设备选型前进行正确设置，如图 22-5 所示。

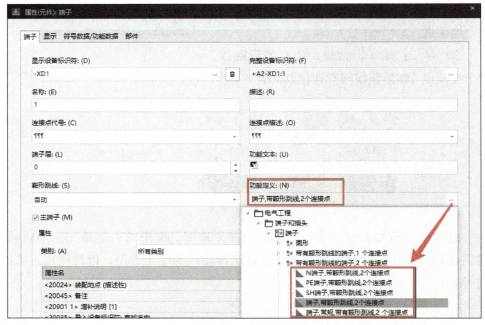

图 22-5　功能定义

22.3　端子排定义的意义

端子在原理图设计中是一类特殊的部件。在第 21.1.1 节的功能模板中提到过，对于一个部件只能有一个主功能和若干个辅助功能。而端子在电气设计当中，无论它是何种样式，其功能都是实现对于电缆的连接，因此不涉及主功能和辅助功能。所以端子在【属性】界面中的勾选项并非是【主数据】，而是【主端子】，其功能数据的【主功能】复选框默认不勾选。这样带来的问题就是，一个端子排的所有端子虽然统计在端子排导航器中，但这一排同名端子是没有主功能的。

从功能数据角度，端子不具备定义为"主功能"的属性，如图 22-6 所示，因此引入了端子排定义的概念。通过在端子排导航器内为一排端子添加端子排定义，让这排端子具备"主功能"，以便在报表统计、筛选、项目检查、3D 安装布局时，端子能以部件的形式进行正确统计。

图 22-6　主功能

【端子排定义】是作为一个部件出现在部件列表以及端子排导航器中，而且本身是一个【主功能】，因此其具备部件的属性，可以进行选型。用户可以根据设计需要，将端子排安装所需要的中间隔板、鞍形跳线、快速标记条、终端固定件等附件在端子定义中选型。

此外，【端子排定义】也可以放置在原理图页面内，以方便显示和快速编辑，如图 22-7 所示。

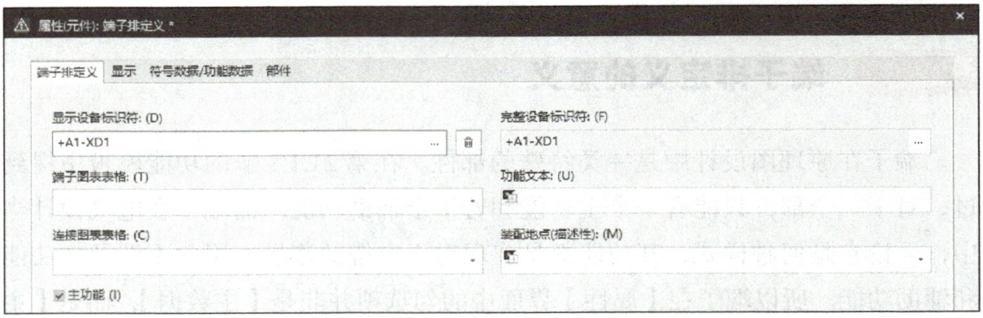

图 22-7　【属性（元件）：端子排定义】对话框

22.4　端子排"编辑"功能

在端子排导航器内选中端子排或其任意端子，右击，在弹出的快捷菜单中选择【编辑】命令，便可以在【编辑端子排】对话框开启对该端子排的编辑工作，如图 22-8 所示。在该对话框中，可以对选中的端子排进行排序、多层端子设定、手动添加鞍形跳线等操作。

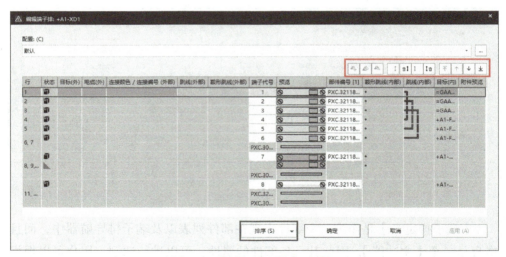

图 22-8　【编辑端子排】对话框

在【属性（元件）：端子】对话框中，对于【端子层】有单独的设定，该选项默认为【0】，即默认该端子为常规的单层端子，如图 22-9 所示。

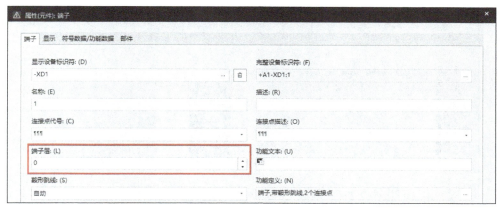

图 22-9　【端子层】属性

1. 设置多层端子

对于多层端子，逻辑上可以认为是由若干个单层端子组成的。例如，一个三层端子在原理图内可以使用三个独立的常规端子进行表达。但在设备选型过程中，这三组端子实际需要被合并进行选型，因此需要对这些独立放置的端子进行编辑，使之以一个"组"的形式出现在部件列表中。

操作方式就是在原理图页内先对端子的符号进行摆放，对端子正确编号和排序后，通过【编辑】命令进入【编辑端子排】对话框。选中需要组合为多层端子的部件，单击 🔲🔲🔲 按钮对端子进行生成。其中 🔲 按钮和 🔲 按钮都名为生成多层端子，但是对所选中的端子生成一组多层端子，因此所选中端子的数量是与所要生成端子的层数完全一致。而 🔲 按钮则是对选中的端子进行批量操作，按照设定的层数进行多层端子的生成。

通过端子排的编辑功能，可以快速地将已经在原理图内放置的端子进行多层端子的组合。组合出来的多层端子，可以在【部件编号】中对该组端子进行选型。可以发现，组合好的多层端子需要一个部件选型即可，如图 22-10 所示。

2. 添加 / 删除手动鞍形跳线

在一些情况下，端子的鞍形跳线在原理图内无法完整表达。例如，🔲🔲🔲🔲 一个端子排内的端子，在同一原理图内位置不同或位于不同原理图。这时就需要使用手动鞍形跳线的功能，在【编辑端子排】对话框中对端子互相之间的短接进行手动操作，即用鼠标点选需要进行短接的端子，单击 🔲 按钮进行手动连接，使被选择的端子形成短接。

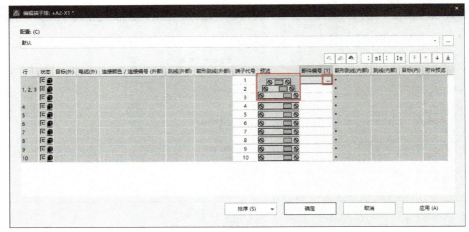

图 22-10　编辑端子排

对于具有鞍形跳线功能的端子，默认采用【鞍形跳线（内部）】的方式进行短接操作，被添加鞍形跳线的端子会在对应的指示区域内形成灰色的短接标识。如果在【编辑端子排】对话框中默认出现了红色的短接标识，则表示该短接连接已经体现在原理图页面上，无法在编辑菜单中修改，如图 22-11 所示。

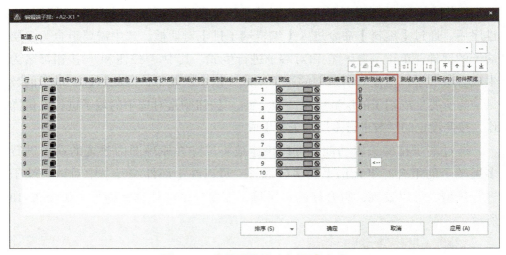

图 22-11　【鞍形跳线（内部）】方式

3. 对端子排序

端子的排列顺序默认是参考其新建的顺序，这包括了在端子排导航器生成或者是在原理图页面内生成。通过【端子排排序】命令可以批量地按照一定规律对端子排进行整体排序，如图 22-12 所示。

但对于一些有特殊要求的端子，如有些无编号的 N 端子或 PE 端子，就需要在正常排序后进行手动放置，操作按钮为 ⊼ ↑ ↓ ⊻ 。选中需要调整顺序的端子（单一选中或复选均可），单击向上移动或向下移动按钮，被操作的端子会按照其所在的相对位置进行上移或下移。

图 22-12　【端子排排序】命令

需要注意的是，在【编辑端子排】对话框进行的操作，无论是形成多层端子、增加鞍形跳线或者排序，仅仅影响端子排导航器内的各个端子的表达，不会作用到原理图页面。最终，实际对于端子的安装、接线是以端子排导航器呈现的结果为准。

22.5　"端子编号"功能

"端子编号"功能是对端子排内的端子进行重新赋值，使得这些端子在端子排内部可以连续或以一定规律进行编号。【给端子编号】对话框如图 22-13 所示。

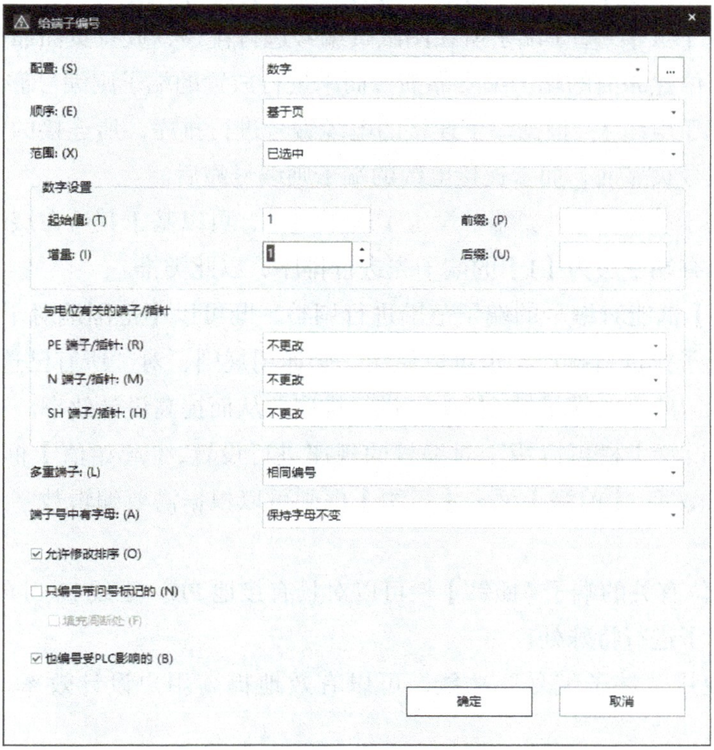

图 22-13　【给端子编号】对话框

但对于一些有特殊要求的端子，如有些无编号的 N 端子或 PE 端子，就需要在正常排序后进行手动放置，操作按钮为 ⌶ ↑ ↓ ⌶ 。选中需要调整顺序的端子（单一选中或复选均可），单击向上移动或向下移动按钮，被操作的端子会按照其所在的相对位置进行上移或下移。

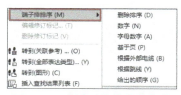

图 22-12　【端子排排序】命令

需要注意的是，在【编辑端子排】对话框进行的操作，无论是形成多层端子、增加鞍形跳线或者排序，仅仅影响端子排导航器内的各个端子的表达，不会作用到原理图页面。最终，实际对于端子的安装、接线是以端子排导航器呈现的结果为准。

22.5　"端子编号"功能

"端子编号"功能是对端子排内的端子进行重新赋值，使得这些端子在端子排内部可以连续或以一定规律进行编号。【给端子编号】对话框如图 22-13 所示。

图 22-13　【给端子编号】对话框

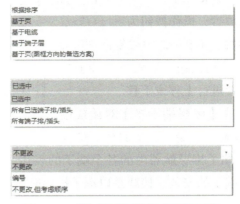

图 22-13　【给端子编号】对话框（续）

【顺序】框是对端子编号的顺序进行设定，系统提供了五种排序方式，这里对主要使用的四种方式进行介绍。

➤ 【根据排序】：基于目前端子在端子排导航器内的前后顺序进行编号。

➤ 【基于页】：基于端子所在图纸页编号进行排序，放置页面靠前、所在同一页面通道位置靠前的端子编号靠前，而未进行放置的端子则编号靠后。

➤ 【基于电缆】：根据端子连接的电缆编号进行排序，所连接的电缆编号靠前、端子编号页靠前，而未连接电缆的端子则编号靠后。

➤ 【基于端子层】：当端子设定了端子层号，可以基于其所在层级进行优先排序，如所有端子层为【1】的端子先进行排序，以此类推。

【范围】框能对编号的端子范围进行调整，既可以小范围地对于"已选中"的端子或端子排进行排序，也可以使用一套通用规则，对"所有已选的端子排 / 插头"或者"所有的端子排 / 插头"进行排序，从而提高设计效率。

【数字设置】栏可以用于对编号的规律进行设置，【起始值】框和【增量】框只能输入数字，【前缀】框和【后缀】框则可以根据需要编辑数字、字幕和符号等。

【与电位有关的端子 / 插针】栏可以对具有接地 PE、零线 N、屏蔽层 SH 功能的特殊端子进行特殊处理。

灵活使用"端子编号"功能，可以有效地提高用户设计效率，减少设计时间。

第 23 章
巧用表格式编辑

表格式编辑可以广泛应用在 EPLAN 软件的内容编辑过程中，可以将分散复杂的图纸信息转化为表格，进行快速编辑。

本章练习目的：

➤ 了解表格式编辑的应用场景。

➤ 进行表格式编辑。

23.1 表格式编辑

通过表格式编辑，在某个对话框中共同编辑不同项目页上的各种对象，可以实现如下功能：

➤ 以表格的形式概括显示已标记的设备标识符。

➤ 设备标签可以细分为列，用户可以自行确定其编号和名称。例如，通过这种方式，可以在流体动力系统中编辑结构字段。

➤ 功能、连接、宏、中断点、电位、管路和来自预规划的结构段的属性将以表格形式显示，并可成块进行编辑。如果在选择中包含多个对象类型，则仅为这些不同对象显示单独的选项卡。

➤ 可以通过复制和粘贴功能将对象的数据复制到 Excel 表格中并进行编辑，然后再写回 EPLAN 软件中。

23.2　如何使用表格式编辑

下面以 PLC 的数字输入点编辑为例，在 PLC 数字输入点已经放置的前提下完成以下工作：

1）单击【设备】→【PLC】→【导航器】，如图 23-1 所示。

2）右击【KL1】，在弹出的快捷菜单中选择【表格式编辑】命令。

图 23-1　【表格式编辑】命令

3）在【表格式编辑】对话框【配置】中设置需要显示的属性项目，如图 23-2 所示。

在 Excel 表格中编辑数据后，复制粘贴到 EPLAN 软件，完成表格数据的快速填写，如图 23-3 所示（本图仅作为参考）。

表格式编辑 - ESS_Sample_Project

配置: (S)

表格式编辑示例

	<20000> 名称 (标识...	<20038> 连接点代号 (全部)	<20011> 功能文...	<20400> PLC 地址	<20407> 通道代...	<20431> 插头代号 (自动)	<20402> 符号地...	<20406> 插头代...
10	=KL1+B2.Y1-AL1:1	1		%QX200.0	1	-X0		-X0
11	=KL1+B2.Y1-AL1:2	2		%QX200.1	2	-X0		-X0
12	=KL1+B2.Y1-AL1:2	2		%QX200.1	2	-X0		-X0
13	=KL1+B2.Y1-AL1:3	3		%QX200.2	3	-X0		-X0
14	=KL1+B2.Y1-AL1:3	3		%QX200.3	3	-X0		-X0
15	=KL1+B2.Y1-AL1:4	4		%QX200.3	4	-X0		-X0
16	=KL1+B2.Y1-AL1:4	4		%QX200.3	4	-X0		-X0
17	=KL1+B2.Y1-AL1:5	5		%QX200.4	5	-X0		-X0
18	=KL1+B2.Y1-AL1:5	5		%QX200.4	5	-X0		-X0
19	=KL1+B2.Y1-AL1:6	6		%QX200.5	6	-X0		-X0
20	=KL1+B2.Y1-AL1:6	6		%QX200.5	6	-X0		-X0
21	=KL1+B2.Y1-AL1:7	7		%QX200.6	7	-X0		-X0
22	=KL1+B2.Y1-AL1:7	7		%QX200.6	7	-X0		-X0
23	=KL1+B2.Y1-AL1:8	8		%QX200.7	8	-X0		-X0
24	=KL1+B2.Y1-AL1:8	8		%QX200.7	8	-X0		-X0
25	=KL1+B2.Y1-AL1:9	9		%QX201.0	9	-X0		-X0

图 23-2　设置属性项目

PLUC	连接点代号	功能文本
DI1	0.0	FuntionText_01
DI1	0.1	FuntionText_02
DI1	0.2	FuntionText_03
DI1	0.3	FuntionText_04
DI1	0.4	FuntionText_05
DI1	0.5	FuntionText_06
DI1	0.6	FuntionText_07
DI1	0.7	FuntionText_08
DI2	1.0	FuntionText_09
DI2	1.1	FuntionText_10
DI2	1.2	FuntionText_11
DI2	1.3	FuntionText_12
DI2	1.4	FuntionText_13
DI2	1.5	FuntionText_14
DI2	1.6	FuntionText_15
DI2	1.7	FuntionText_16
DI3	2.0	FuntionText_17
DI3	2.1	FuntionText_18

配置: (S)

表格式编辑示例

	<20000> 名称 (标识...	<20038> 连接点代号 (全部)	<20011> 功能文本	<20400> PLC 地址
10	=KL1+B2.Y1-AL1:1	1	FuntionText_01	%QX200.0
11	=KL1+B2.Y1-AL1:2	2	FuntionText_02	%QX200.1
12	=KL1+B2.Y1-AL1:2	2	FuntionText_03	%QX200.1
13	=KL1+B2.Y1-AL1:3	3	FuntionText_04	%QX200.2
14	=KL1+B2.Y1-AL1:3	3	FuntionText_05	%QX200.2
15	=KL1+B2.Y1-AL1:4	4	FuntionText_06	%QX200.3
16	=KL1+B2.Y1-AL1:4	4	FuntionText_07	%QX200.3
17	=KL1+B2.Y1-AL1:5	5	FuntionText_08	%QX200.4
18	=KL1+B2.Y1-AL1:5	5	FuntionText_09	%QX200.4
19	=KL1+B2.Y1-AL1:6	6	FuntionText_10	%QX200.5
20	=KL1+B2.Y1-AL1:6	6	FuntionText_11	%QX200.5
21	=KL1+B2.Y1-AL1:7	7	FuntionText_12	%QX200.6
22	=KL1+B2.Y1-AL1:7	7	FuntionText_13	%QX200.6
23	=KL1+B2.Y1-AL1:8	8	FuntionText_14	%QX200.7

图 23-3　表格编辑

第 24 章
PLC 控制系统绘制

PLC 作为电气系统的控制元件，应用场景比较复杂。EPLAN 软件可以从不同视角对 PLC 的原理图设计提供解决方案，使用户进行更高效的设计工作。

本章练习目的：

➢ 了解 PLC 总览。
➢ 了解 PLC 导航器的使用。
➢ 了解编址和地址分配。

24.1 PLC 设置

在【设置：设备】对话框中单击【项目】→【项目名称（ESS_示例项目）】→【设备】→【PLC】，可以对该项目的 PLC 进行设置，如图 24-1 所示。该对话框中各复选框和列表框功能如下所示。

1.【查找符号地址失败时采用地址】复选框

如果勾选此复选框，则在搜索符号地址但没有搜索结果时，将一个实数地址分配到符号地址中。这适用于进行目标跟踪时，未找到传感器或执行器的情形。

如果取消此复选框，则在搜索符号地址但未提供结果时，确定的符号地址将留空。

对于带"总览"表达类型的 I/O 连接点上的设置不具有任何影响，因为此类表达类型无任何目标跟踪。这些 PLC 连接点将由所属的多线或单线 PLC 连接点确定符号地址。

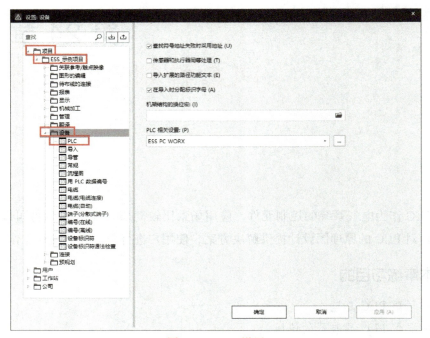

图 24-1　PLC 设置

2.【传感器和执行器同等处理】复选框

如果勾选此复选框，则在目标跟踪时不区分传感器和执行器。只要找到一个传感器或一个执行器，则终止查找目标。

如果取消此复选框，则从输入端只查找传感器，而从输出端只查找执行器。

3.【导入扩展的路径功能文本】复选框

如果勾选此复选框，在没有为 PLC 连接点找到任何路径功能文本，且在【功能文本（自动）】框中未找到所连接的传感器或执行器的任何条目时，将在现有的原理图路径中查找路径功能文本。根据连接点方向从左侧或上方导入找到的功能文本。

如果取消此复选框，将终止查找已连接传感器和执行器时的路径功能文本。

4.【在导入时分配标识字母】复选框

此复选框只与使用 AutomationML AR APC 格式的 PLC 数据导入有关，据此确定在导入时如何分配新设备（即导入文件中不存在设备标识符的设备）的设备标识符。无论此处如何设置，都会始终将导入文件中存在的设备标识符进行导入操作，并覆盖项目中存在的设备标识符。

参考 AutomationML-GUID 进行设备标识的方法，如果导入文件中的设备标识符为空白且该设备在 EPLAN 软件中已存在，则该设备保留其设备标识符。

如果勾选此复选框，则导入 PLC 数据时将自动为新设备分配标识字母，为此将使用在线编号设置中所确定的标识符集。另外在标识字母前面，将一个问号设定为字符。

如果取消此复选框，则新设备在导入时不含标识字母。设备将自动编号，并额外标识问号。

5. 【机架结构的换位宏】文本框

在此处给定 PLC 生成原理图时所使用的宏，以图形的方式标识机架结构总览。此宏文件必须在变量 E 中包含用于换位的图形，在变量 F 中必须包含用于继续执行的图形。单击 … 按钮可打开【选择宏】对话框，并从任意一个目录选择一个文件。

6. 【PLC 相关设置】下拉列表框

【PLC 相关设置】下拉列表框可以为不同品牌的 PLC 进行配置。如果未给一个 CPU 分配任何配置，系统会按照此处的设置进行 PLC 的默认配置。

用户可以从下拉列表框中选择一个存在的配置，如图 24-2 所示，或单击 … 按钮打开【设置：PLC 相关】对话框，在其中可创建或编辑与 PLC 有关的配置，如图 24-3 所示。

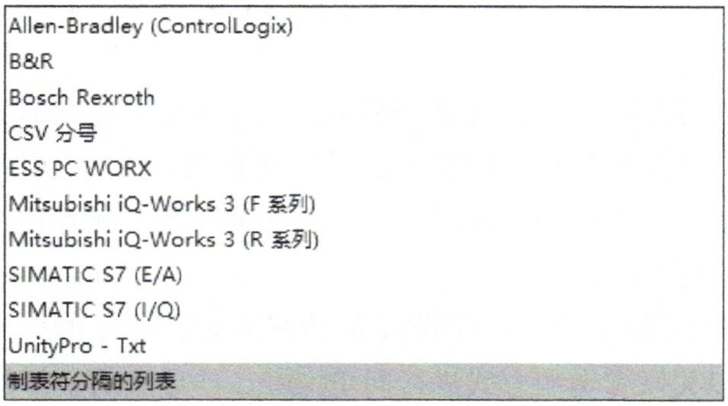

Allen-Bradley (ControlLogix)
B&R
Bosch Rexroth
CSV 分号
ESS PC WORX
Mitsubishi iQ-Works 3 (F 系列)
Mitsubishi iQ-Works 3 (R 系列)
SIMATIC S7 (E/A)
SIMATIC S7 (I/Q)
UnityPro - Txt
制表符分隔的列表

图 24-2　编辑 PLC 配置

图 24-3　PLC 相关配置

24.2　PLC 总览图

除原理图外，PLC 文档通常还包含总览页，其提供在 I/O 模块上的另一种视图。

PLC 模块总览显示了 PLC 的物理插卡，在原理图中通过单个或分开标识的 PLC 盒子显示。通过图形来展示哪些输入端 / 输出端被占用、哪些是空闲的、执行哪个功能以及放置在哪个原理图页上。此总览可基于制造商和产品型号，来调整不同数量的输入和输出。

在页类型为【<3> 总览（交互式）】的图纸页上绘制的 PLC 模块，可以与和原理图页之间以关联参考的方式进行同步。PLC 连接点的全部数据可输入到总览和原理图中。

　　如果原理图中还没有放置 PLC 功能，可以先绘制 PLC 模块总览，这样就在部件类表中创建了 PLC 模块和连接点，在后续原理图设计时可以使用。

　　同样，可以在 PLC 模块总览中放置以其他方式创建的连接点，比如在图形编辑器、PLC 导航器或设备导航器中创建的连接点。在这种情况下，系统将显示可以跳转至对应连接点的关联参考。PLC 模块的设备标识符、插头代号（总线端口：总线接口名 + 插头代号）和连接点代号对于关联参考是有标识性的。

24.3　PLC 导航器——基于通道

24.3.1　PLC 通道

　　在一个 PLC 模块上（不论是数字输入 / 输出部件组，还是模拟输入 / 输出部件组）可以放置多个 PLC 通道，通常使用带有 8 个、16 个或 32 个通道的 PLC 部件组，用来为每个 PLC 通道分配明确的地址。

　　每个通道的核心是信号连接点，除信号连接点外，一个通道还能由多个相配套的 PLC 连接点构成。很多厂商会为 PLC 模块附加电源连接点，这样遇到一个三线连接的接近开关时，两个 PLC 连接点可以为传感器提供电压，同时另一个连接点用于接收信号。

　　因此，如果在 EPLAN 软件设计过程中遇到带有电源连接点的输入端或输出端，则会以图形方式或通过通道代号进行通道分配。

 提示：

　　一个通道内可以包含多个 I/O 连接点，但只允许激活其中一个，其他未使用的 I/O 连接点则需要分配【已禁止的 I/O 连接点】属性，将其标识为已禁用的连接点。通过这种方式，可将同一个宏和同一个部件用于不同的电路中。

24.3.2　PLC 导航器中的视图

　　用户可以通过单击【设备】→【PLC】→【导航器】命令来打开 PLC 导航

器，如图 24-4 所示。在【PLC 导航器】对话框的树结构视图中，可以选择不同的视图用于显示 PLC 数据，如图 24-5 所示。

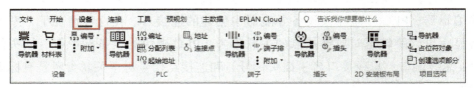

图 24-4　PLC 导航器

1. 【基于设备标识】命令

该命令表示 PLC 数据将根据项目结构，按照设备标识符排列。

2. 【基于地址】命令

该命令表示 PLC 数据在项目结构中按照地址排列，即在 PLC 地址下将显示 I/O 连接点。如果连接点电源已录入相应的 PLC 地址中，则所属的连接点电源也会显示在 PLC 地址的下面。前置的 图标会显示出地址下方是否包含未放置的 I/O 连接点。另外，如果该属性已经注册到所属的 PLC 盒子中，则 PLC 盒子和 PLC 连接点会在相应的 CPU 下进行组合。

3. 【基于通道】命令

该命令表示 PLC 数据在项目结构中按照

图 24-5　视图显示

通道排列，即在通道代号下将显示 I/O 连接点和所属的连接点电源。代表通道的 图标显示其下方是否存在与安全相关的连接点。另外，前置的 图标会显示出通道是否包含未放置的 I/O 连接点。既没有手动录入又没有自动录入通道代号的 PLC 连接点将按照设备标识符进行排列。

4. 【基于机架】命令

该命令表示根据机架中的 PLC 模块分配显示 PLC 数据。用前置 图标标识机架，其下方列出 PLC 模块（ 图标）及其节点，该顺序对应于插槽的位置号码。在 PLC 模块下方显示包含此 PLC 模块的功能。

插在机头位置上的或集成到机头位置中的 PLC 模块用 图标标识。接在机头位置旁的 PLC 模块用 ■ 图标标识。机头位置始终也同时是一个机架，因此用前置 ◢ 图标进行标识。在机架下方，首先显示插在机头位置上的 PLC 模块，接着显示所有其他 PLC 模块。

针对位于子插槽上的设备，将由此显示，在插槽编号后用小数点隔开，显示子插槽，如 "2.1：=EB3+ET1-A99"。

5.【基于驱动装置】命令

该命令表示 PLC 数据在项目结构中按照驱动装置排列。驱动装置用前置 Ⓜ 图标加以标识。功能显示在层结构【配置项目】【驱动装置】和【PLC 站号】的下方。未分配给驱动装置的功能在此处也会显示出来，前提是功能已分配给一个配置项目 / 工作站。

借助配置显示弹出菜单项，在特定视图的树结构视图中确定要显示的属性。

24.3.3　基于通道的工作

在 PLC 导航器的树结构视图中可基于通道显示 PLC 数据，所有隶属于同一条通道的 PLC 连接点都将被汇总在一起，显示在通道下面（⦙ 图标）。在通道代号下将显示 I/O 连接点和所属的电源连接点。代表通道的 ⦙ 图标提示其下方是否存在与安全相关的连接点。另外，前置的 ▯ 图标会显示出通道是否包含未放置的 I/O 连接点。既没有手动录入又没有自动录入通道代号的 PLC 连接点将按照设备标识符进行排列。

EPLAN 软件可基于设备或基于功能将通道插入到原理图中：

1. 基于设备的插入

在基于设备的工作方式时，可在 PLC 导航器中选择通道（作为设备的部分）并放置。

（1）PLC 模块的创建　通过插入新设备的方式在 PLC 导航器内创建 PLC 模块。如果已选择的部件仅有功能模块，而没有宏，则将生成一个仅包含功能模块的 PLC 盒子。相反，如果部件有预定义好的宏，则宏文件中的多线宏会把功能模块覆盖，优先放置宏的内容。

（2）宏的放置　在 PLC 导航器中已标记所需的通道后，使用【放置】功能将 PLC 预定义的宏放置在图纸上。放置时可以按〈Backspace〉键切换宏的样式。

2. 基于功能的插入

在基于功能的工作方式中首先放置包含 PLC 通道的宏，随后为通道分配未放置的功能或功能模板（通过分配或使用现有设备操作）。

（1）PLC 模块的创建　通过插入新设备的方式在 PLC 导航器中创建 PLC 模块。如果已选择的部件仅有功能模块，而没有宏，则将生成一个仅包含功能模块的 PLC 盒子。相反，如果部件有预定义好的宏，则宏文件中的多线宏将会把功能模块覆盖，优先放置宏的内容。

（2）宏的放置　在基于功能的工作方式中将多线宏或页宏插入到原理图中，使用【分配】的方式将 PLC 的功能定义与原理图进行对应。宏在 PLC 功能中应尽可能地仅包含 PLC 连接点，因为在基于通道的视图中进行分配时仅会对 PLC 连接点进行分配。但是，如果宏也包含 PLC 盒子，则它不能含有部件，因为这样的话它会显示设备本身，也就是说它的 PLC 连接点已经自动完成分配。

24.4　PLC 自动编辑地址

对 PLC 连接点可以进行手动编址、事后编址或自动编址。

1. 手动编址

手动编址是给每个单独连接点分配 PLC 地址，需要在【属性（元件）：PLC 端口及总线端口】对话框的【PLC 连接点】选项卡中，在【地址】框输入所需要的地址。图 24-6 所示区域为 PLC 连接点进行手动编址。

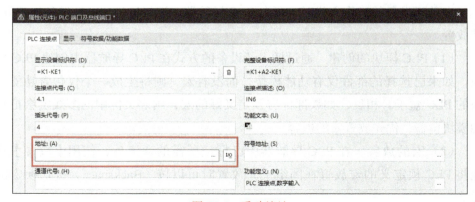

图 24-6　手动编址

2. 事后编址

事后编址也称为离线编址，可以给多个已编址或未编址的 PLC 连接点在工作进程中分配新建地址，单击【设备】→【PLC】→【编址】，【重新确定 PLC 连接点地址】对话框如图 24-7 所示。

图 24-7　事后编址

3. 自动编址

自动编址是当 PLC 连接点插入原理图页或总览页时会自动分派新建地址。

为了使 PLC 连接点在插入原理图页或总览页时自动编址，必须在在线编号的设置中说明，也应该考虑 PLC 地址。在自动编址时将引用已分配给 CPU 的 PLC 相关设置的配置中的增量和格式。如果尚未给 CPU 分配配置，则将使用已在项目设置中确定的配置，如图 24-8 所示。

图 24-8   自动编址

24.5   PLC 地址分配列表

一个分配列表包含 PLC 的地址、符号式地址和功能文本，根据制造商的不同，具有不同的格式。

通过【设备】选项卡的【PLC】命令组找到【分配列表】选项，里面的【管理项目】可以对 PLC 控制系统的所有输入端和输出端进行规划。在已经在项目中使用的地址中显示所属 PLC 模块的设备标识符，以便与还未使用的地址区别开来。PLC 地址（通道）在这里可被编辑而与其在 PLC 模块中的安装无关。

通过复制与插入能以 Excel 表格进行数据交换。

每个地址都有说明，表示它属于哪个 CPU。项目内的多个 PLC 控制系统将通过 CPU（准确地说是完整的 CPU 名称）来区分。PLC 模块与 CPU 的归属性通过 CPU 名称来指定。

24.6　操作实践

24.6.1　绘制 PLC 电源

如图 24-9 所示新建原理图页，名为【I/O 模块电源】。

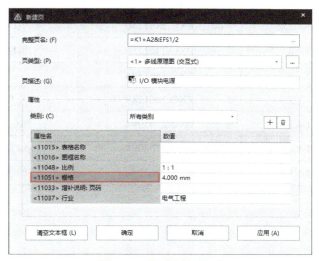

图 24-9　新建原理图页

24.6.2　绘制 PLC 总览页面

新建 8 页总览图纸，并将 PLC 模块放置在图纸页上，如图 24-10 所示。

完整页名	页类型	页描述	完整设备识别符	部件编号
=K1+A2&EFA1/1	<3>总览（交互式）	总线耦合器	=K1+A2-KE1	PXC. 2703994
=K1+A2&EFA1/2	<3>总览（交互式）	数字式输入端	=K1+A2-KE2	PXC. 2861250
=K1+A2&EFA1/3	<3>总览（交互式）	数字式输入端	=K1+A2-KE3	PXC. 2861250
=K1+A2&EFA1/4	<3>总览（交互式）	数字式输出端电源端子	=K1+A2-KE4	PXC. 2861344
=K1+A2&EFA1/5	<3>总览（交互式）	数字式输出端	=K1+A2-KE5	PXC. 2861289
=K1+B1. X1&EFA1/1	<3>总览（交互式）	I/O 模块	=K1+B1. X1-KE1	PXC. 2703994
=K1+B2. X1&EFA1/1	<3>总览（交互式）	I/O 模块	=K1+B2. X1-KE1	PXC. 2703994
=K1+B2. X1&EFA1/2	<3>总览（交互式）	数字式输入端	=K1+B2. X1-KE2	PXC. 2861250

图 24-10　PLC 模块

24.6.3　对 PLC 编址

见表 24-1 所列的对应关系，对已经绘制好的 PLC 模块进行编址。

表 24-1　PLC 编址

完整设备标识符	部件编号	编址
=K1+A2-KE1	PXC.2703994	%QX2 %IX2
=K1+A2-KE2	PXC.2861250	%IX3 %IX4
=K1+A2-KE3	PXC.2861250	%IX5 %IX6
=K1+A2-KE4	PXC.2861344	/
=K1+A2-KE5	PXC.2861289	%QX4
=K1+B1.X1-KE1	PXC.2703994	%QX4 %IX7
=K1+B2.X1-KE1	PXC.2703994	%QX5 %IX8
=K1+B2.X1-KE2	PXC.2861250	%IX2 %IX3

第 25 章
现场设备系统绘制——磨床

本章练习目的：

> 结合已经讲解的内容，绘制原理图。

25.1 新建原理图页

按照页属性新建两个原理图页，名为【执行器控制系统】和【传感器控制系统】，如图 25-1 和图 25-2 所示。

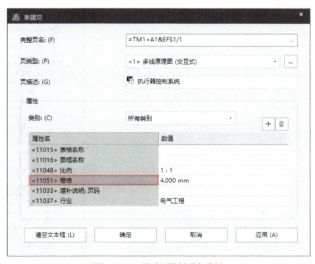

图 25-1　执行器控制系统

图 25-2   传感器控制系统

25.2   绘制原理图内容

综合之前章节所述内容，绘制【执行器控制系统】和【传感器控制系统】的原理图。

使用 PLC 导航器对图纸上已绘制的 PLC 连接点进行编址。

到目前为止，已经完成了图纸的绘制工作，图 25-3 所示为示例项目。

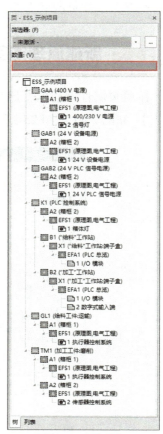

图 25-3   示例项目

第 26 章
连接导航器

连接，在 EPLAN 软件中用来表达不同设备之间的连接关系，可能是一根导线、一段跳线、一个公母插针之间的连接关系，或者是一段管路。因此连接的定义是指导生产制造的基础。此外，对连接进行编号，可以方便用户后续导出连接列表指导加工生产，或者导出制造数据给自动加工机械完成裁线。

本章练习目的：

- ➢ 使用连接导航器。
- ➢ 手动放置连接定义点并进行连接定义。
- ➢ 自动生成连接定义并编号。

26.1 连接的原则

在原理图页上，水平或垂直方向完全对齐的元件，其连接符号的连接点会自动连接在一起，可称之为自动连接，所生成的连接线则为自动连接线。插入和移动符号时会显示自动连接线的预览。

直到生成连接为止，自动连接线都是纯粹的图形，可自动进行许多操作（如在打开页时），但也可在任何时候用手动执行。单个连接可通过项目设置、从电位或从连接定义点获得数据。

26.2   连接定义点

连接是通过"连接定义点"定义的，单击【插入】→【电缆/连接】→【连接】可找到连接定义点，如图 26-1 所示。

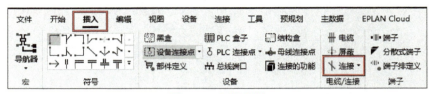

图 26-1   电缆连接

连接定义点必须放置在自动连接线上，如图 26-2 所示。

双击连接定义点，打开【属性（元件）：连接定义点】对话框，可以设置连接的截面积、颜色等，如图 26-3 所示。

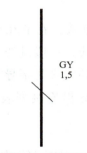

图 26-2   连接定义点

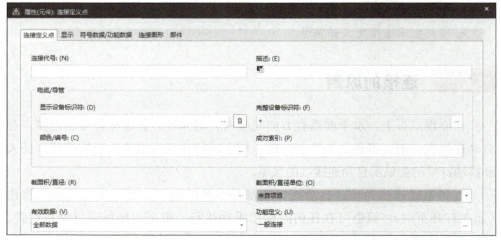

图 26-3   【属性（元件）：连接定义点】对话框

26.3 连接导航器

单击【连接】选项卡下的【连接】命令组中的【导航器】命令即可打开连接导航器，如图 26-4 所示。

图 26-4 连接导航器

连接是按源设备或目标设备分类的，如图 26-5 所示。在列表视图中，每一根连接都以表格形式罗列出来。设计者可以根据需要，按照电位、位置代号等属性定义筛选器，对项目中的连接进行批量处理，如批量修改截面积，如图 26-6 所示。

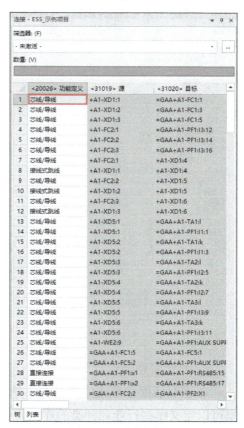

图 26-5 连接分类　　　　图 26-6 列表视图

26.4 连接编号

对连接进行编号，可以方便用户后续导出连接列表指导加工生产，或者导出制造数据给自动加工机械完成裁线。在 EPLAN 软件中，定义好连接的编号规则，可以自动为项目中的所有连接进行编号。编号规则可以存储在项目模板或基本项目中，方便设计人员进行调用。

1. 打开连接编号设置

如图 26-7 所示，在【设置】菜单中单击【项目】→【项目名称（ESS_示例项目）】→【连接】→【连接编号】，打开【设置：连接编号】对话框。

用户可以在该对话框的【配置】框中选择默认的配置方案，并且可以对连接编号进行自定义的配置。

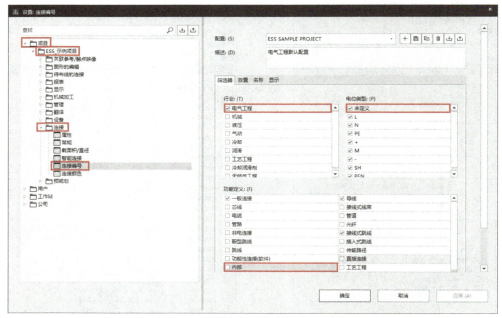

图 26-7　【设置：连接编号】对话框

2. 设置编号对象

在该对话框中单击【筛选器】选项卡，可以对编号的对象进行定义。在这里可以定义哪些行业和种类的连接需要被编号，如图 26-8 所示。

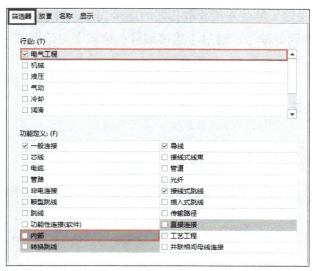

图 26-8 【筛选器】选项卡

3. 连接定义点格式

在该对话框中单击【放置】选项卡，可以对连接定义点使用的符号和放置的次数进行定义，如图 26-9 所示。

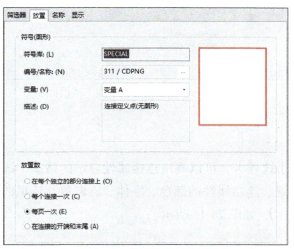

图 26-9 【放置】选项卡

4. 连接命名格式

在该对话框中单击【名称】选项卡，可以对连接编号的格式进行定义，单击+【新建】按钮可以添加连接的编号规则。【连接组】决定了规则影响的连接类型；【范围】决定了哪些连接获取相同的连接代号，如【电位】则表示相同电位的连接获取相同的编号；通过【连接编号：格式】对话框可以定义利用哪些属性形成连接编号，如图 26-10 所示。

　　注意这里的连接组顺序对连接编号的结果是有影响的，因为已经命名过的连接名称不会被新的名称覆盖。

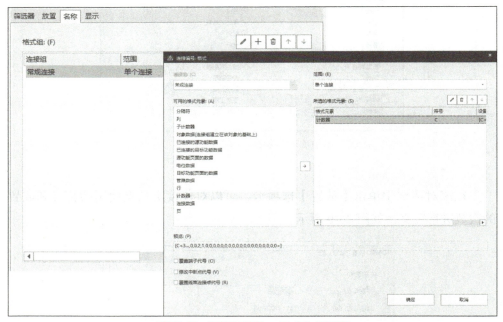

图 26-10　【连接编号：格式】对话框

5. 连接显示的属性

　　单击【显示】选项卡，可以确定连接属性显示的格式，统一设置连接属性相对于连接的位置、连接属性的颜色、字体、方向等。这里的【角度】可以设置成【与连接平行】，如图 26-11 所示。

6. 重新格式化连接定义

　　对连接定义点格式作了修改之后，可以单击【连接】选项卡下的【连接】命令组中的【对齐与格式化】命令，重新设置连接定义的格式，如图 26-12 所示。

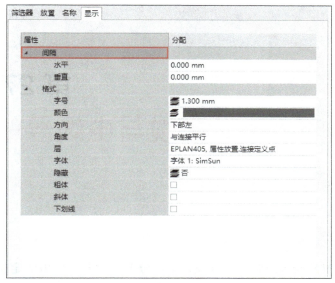

图 26-11 【显示】选项卡

图 26-12 【对齐与格式化】命令

7. 删除连接定义

如果想从整个项目中删除放置的连接定义点，可以单击【连接】选项卡下的【连接】命令组中的【说明】命令，在其下拉列表中选择【删除名称】，如图 26-13 所示。

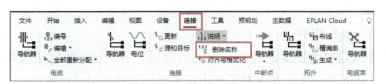

图 26-13 【删除名称】命令

26.5 操作实践

尝试在已绘制的原理图页面中手动及自动添加连接定义。

第 27 章
电缆与电缆导航器

在 EPLAN Electric P8 中，电缆是高度分散的设备，由电缆定义线、屏蔽和芯线组成，具有一个主功能的同时可以有多个辅助功能，且它们都具有相同的设备标识符。

本章练习目的：

➢ 绘制电缆定义和屏蔽线。
➢ 使用电缆导航器实现电缆的分布和跨页设计。

27.1　电缆与电缆定义

在 EPLAN 电气原理图绘制过程中，电缆是高度分散的设备，由电缆定义线，屏蔽和芯线组成，具有一个主功能的同时可以有多个辅助功能，且它们都具有相同的设备标识符。

而电缆通过电缆定义进行原理图上的表达，可通过电缆定义线对电缆进行图形显示，接着可在【属性】对话框中指定电缆属性并定义电缆。

27.2　工程设计中利用插入中心【收藏】功能插入常用电缆

为方便用户快速查找及使用常用的部件，EPLAN 新平台提供了【收藏】功能。每个部件在插入中心都具备【收藏】选项，用【☆】图标表示。用户可以通过点选该选项来将部件纳入收藏菜单或移除，如图 27-1 所示。

用户可以通过插入中心的【收藏】选项直接查找已经被收藏的部件，如图 27-2 所示。

图 27-1 【收藏】选项

图 27-2 查找已经被收藏的部件

27.3 电缆导航器功能

1）单击【插入】→【电缆/连接】→【电缆】即可开始在原理图内的电缆定义，如图 27-3 所示。

图 27-3 插入电缆

从菜单栏选定电缆定义功能后，电缆定义符号会跟随鼠标在图纸页面上悬停。通过拖拽操作，让电缆定义穿过所要涵盖的线缆，达到效果如图 27-4 所示。

注意，电缆定义与导线之间的交叉点，必须形成有效的连接定义点，否则该导线无法被定义为电缆。

2）在【属性（元件）：电缆】对话框中定义电缆显示设备标识符等其他相关属性，如图 27-5 所示。

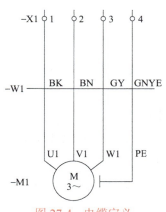

图 27-4 电缆定义

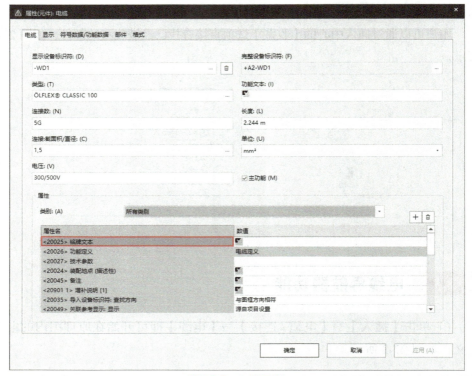

图 27-5　电缆属性

3）单击【连接】→【电缆】→【导航器】打开电缆导航器，如图 27-6 所示。

图 27-6　电缆导航器

在电缆导航器内选择【A2（箱柜 2）】，右击，在弹出的快捷菜单中选择【新建】命令，如图 27-7 所示。

在【功能定义】对话框中，单击【电气工程】→【电缆/天线】→【电缆】→【电缆定义】，然后单击【确定】按钮，如图 27-8所示。

图 27-7　新建电缆

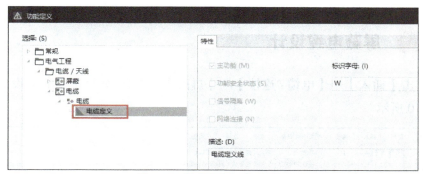

图 27-8　【功能定义】对话框

在【属性（元件）：电缆】对话框中定义电缆显示设备标识符等其他相关属性，如图 27-9 所示。

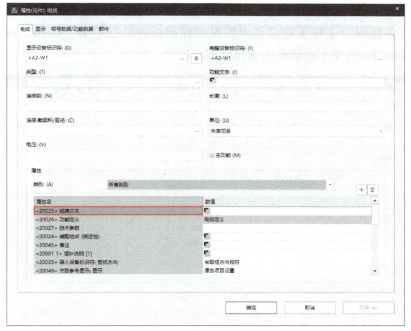

图 27-9　电缆属性

27.4　多芯电缆跨页设计

多芯电缆的跨页设计是通过电缆导航器实现的，多芯电缆可以具有多个电缆定义，可以通过从电缆导航器拖拽电缆定义实现电缆的跨页设计。

屏蔽电缆设计

单击【插入】→【电缆 / 连接】→【屏蔽】，便可开始屏蔽电缆的设计，如图 27-10 所示。

图 27-10　屏蔽电缆设计

当屏蔽符号悬浮于光标时，在原理图内单击定义起点，光标从右往左扫过电缆连接，再次单击定义终点，从而激活【属性（元件）：屏蔽】对话框，在【显示设备标识符】框手动定义电缆设备标识符或通过单击□按钮，在弹出的【设备标识符 - 选择】对话框内选择电缆标识符，如图 27-11 所示。

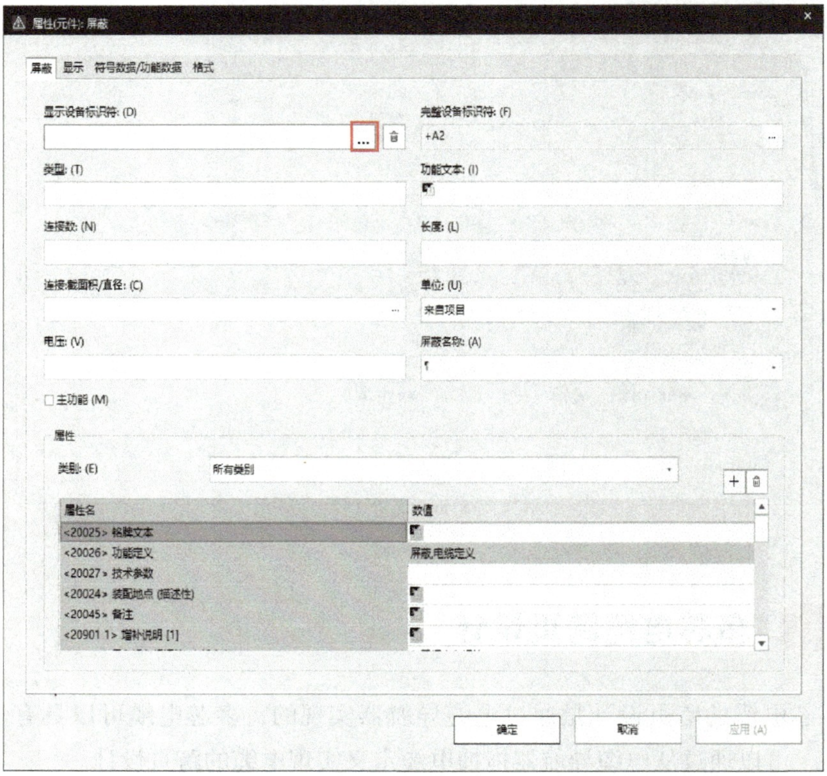

图 27-11　选择电缆标识符

图 27-11　选择电缆标识符（续）

关闭所有对话框后，完成电缆定义和屏蔽线的显示效果如图 27-12 所示。

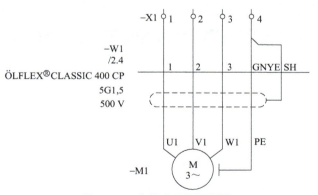

图 27-12　电缆定义和屏蔽线

27.6　操作实践

在已绘制的原理图内添加电缆定义。

第 28 章
照明系统绘制

照明系统是指控制柜箱体内的照明设备，其广泛出现在各类原理图中。

本章练习目的：

- 完成该原理图页绘制。

28.1 新建原理图页

按照页属性新建一个原理图页，名为【箱体灯】，页属性如图 28-1 所示。

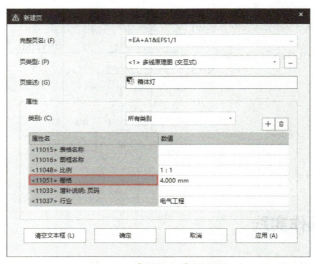

图 28-1 【箱体灯】页属性

箱体灯单独形成一个页结构的原因是从功能角度，照明灯不与设备的其他功能产生关联，虽然原理图涉及的内容较少，但也满足其作为一个独立功能存在，因此箱体灯单独作为一个功能存在于设计中。

28.2　绘制原理图内容

参考随书提供的指导文件，完成此页图纸的绘制。需要注意以下几点：

1）中性线的表达。本次示例项目中，柜内照明系统采用 AC 220V 供电，其中性线采用了"母线"的方式进行表达，而非与相线一样在柜内走线，因此需要用户在中性线的连接上采用"母线连接点"　，连接点的显示设备标识符设置为"-WE2"。实际生产中，如果母线排对于连接点有明确的位置区分，那么需要标注连接点代号，如"-WE2：4"的含义是 WE2 母线排的 4 号连接点。

2）中断点编号的设置。在电气原理图的设计过程中，几乎任意一页图纸都无法脱离中断点而完成设计。因此要规划中断点的来源、去向就十分重要。对于该页图纸的中断点"=GAA-1L1"和"=GAA-1L2"而言，代表着这两根相线是从"=GAA"结构传递过来的，因此就需要在"=GAA"图纸上提前定义好中断点，以便照明系统的图纸进行引用。EPLAN 软件推荐的方式是通过中断点属性中断显示设备标识符进行关联配对，以提高设计的准确性。

此外，中断点的定义建议在图纸绘制完成后，结合实际的柜内布局和走线情况，通过中断点导航器进行批量规划。

第 29 章
双绞线的绘制

🗄 **本章练习目的：**

➤ 掌握双绞线的绘制。

29.1 **双绞线的绘制方法**

双绞线（Twisted Pair，TP）是一种综合布线工程中最常用的传输介质，是由两根具有绝缘保护层的铜导线组成的。在 EPLAN Electric P8 中，绘制双绞线的步骤如下：

1）在选中新建的多线原理图页中，单击【插入】→【符号】→【对角线连接】，如图 29-1 所示。

图 29-1 【对角线连接】命令

2）在连接的上下对角分别单击确认，完成对角线绘制，对角线仅用于表示示意图，如图 29-2 所示。

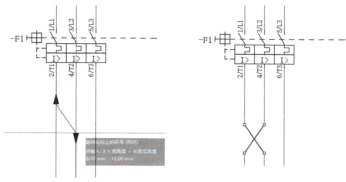

图 29-2　对角线连接

29.2　使用双绞线绘图的注意事项

使用双绞线绘图需要注意以下事项：

1）如图 29-2 所示的双绞线绘制主要为示意使用，用户需要根据实际的设计场景来使用双绞线功能。

2）双绞线尽管是一种电气连接的示意画法，但在 EPLAN 软件中仍然具备连接关系，即电位信号会随着交叉线的引导传输到下一个用电点。因此需要用户根据实际的使用场景，通过 2~3 次的交叉来实现线缆的正确连接。

3）用户无法通过双绞线的画法来对电缆 / 导线的选型进行筛选，因此建议的做法是在图纸上通过交叉线的绘制告知读图者双绞线的存在，并且通过正确的电缆 / 导线选型与原理图上绘制的内容进行对应。

第 30 章
插　头

- ➤ 掌握插头的应用场景。
- ➤ 学习创建和编辑插头组件。

30.1　插头的使用

插头、耦合器和插座是可分解的连接（插头连接），用来将安装元件、设备和机器连接起来。它们总是由多个组件组成，对于不同的要求和不同的环境有不同的操作。

大多数情况下，插头安装在一根电缆上并用于将设备连接到电网。通常它们包含多个用于安插到嵌入式插头的公插针，个别情况下会看到同时拥有公插针和母插针的带嵌入式的插头。

插头的配对物被称为耦合器（如果可移动，即与电缆连接）或插座（如果固定在墙上或内置在设备里），在不同的执行过程中和许多不同的联系中都存在着耦合器和插座。耦合器通常配有母插针，带嵌入式的插座通常配有公插针或母插针，个别情况下会看到同时拥有公插针和母插针的带嵌入式的耦合器或插座。

在 EPLAN 软件中所有的插头连接（不论是插头还是耦合器或插座）都在【插头总览】下进行管理。不论这些插针是公插针还是母插针，可以将插头理解为数个插针的组合。插头和其配对物可以分开或统一管理，在统一管理时看作带有插头的整件。

插头的使用有以下要点：

➤ 可从带有预定义属性的功能定义选择中创建插头和插针。

➤ 可根据用户的要求配置插头，即可任意组合使用公插针和母插针。

➤ 可以互相分配插头连接的单个公插针和母插针。

➤ 可管理叠套在设备里的插头连接。

➤ 可确定插头内部的插针顺序。

➤ 可给插头和插针编号以及创建插针代号的编号配置。

➤ 将在插针上录入可随后输出至报表的部件，或可用于制造数据导出 / 标签的部件。

30.2　创建插头

插头的创建参考以下步骤：

1）单击【设备】→【插头】→【导航器】打开插头导航器，如图 30-1 所示。

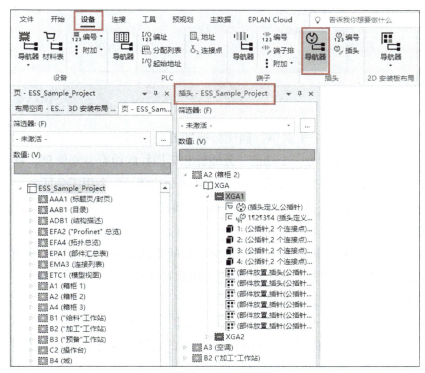

图 30-1　插头导航器

2）在导航器内选择插头，右击，在弹出的快捷菜单中选择【生成插头定义】命令，弹出子菜单，如图 30-2 所示。

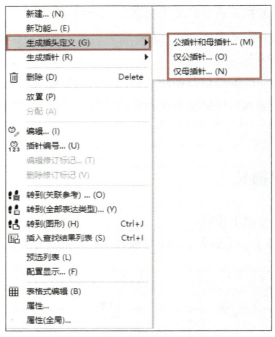

图 30-2　【生成插头定义】命令

3）选择其中的一个子菜单，创建公插针或是公插针 - 母插针组合的插头定义。如果用户将插针作为一个功能（公插针和母插针的组合）来管理，则选择公插针和母插针选项。用户可将插针分别作为两个功能（一个用于公插针，一个用于母插针）进行管理，选择仅公插针或仅母插针，以指定插头的公插针端或母插针端。

4）在【属性（元件）：插头定义】对话框的【插头定义】选项卡中输入所需的新建插头的数据，单击【确定】按钮，如图 30-3 所示。

创建带有预定义属性插头的步骤：

1）单击【设备】→【插头】→【导航器】打开插头导航器。

2）标记一个设备标识符，右击，在弹出的快捷菜单中选择【新建】命令，如图 30-4 所示。

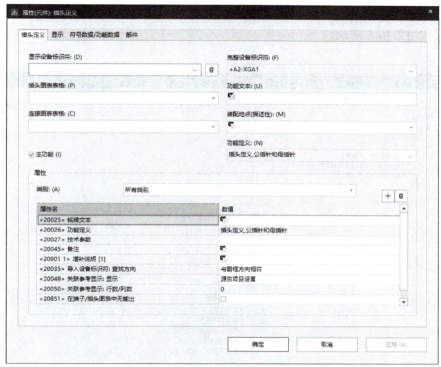

图 30-3　输入新建插头的数据

图 30-4　新建插头

3）在【功能定义】对话框的【选择】中选择一个插头定义，单击【确定】
按钮，如图 30-5 所示。

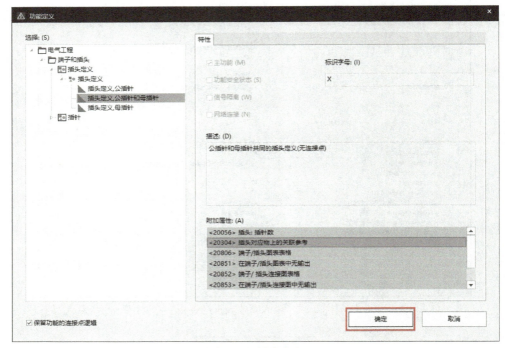

图 30-5　插头定义

4）在【属性（元件）：插头定义】对话框的【插头定义】选项卡中输入所需
的新建插头的数据，单击【确定】按钮，如图 30-3 所示。

在标出的设备标识符下创建一个带有相应属性的插头定义。

30.3　编辑插头

1）在图形编辑器或端子排导航器中标记插头定义或插针。

2）单击【设备】选项卡下的【插头】命令组中的【插头】命令。

3）如果需要，在【编辑插头：+A2-XGA1】对话框中为插针编号，或按照
确定的标准排序。

4）单击【确定】按钮，如图 30-6 所示。

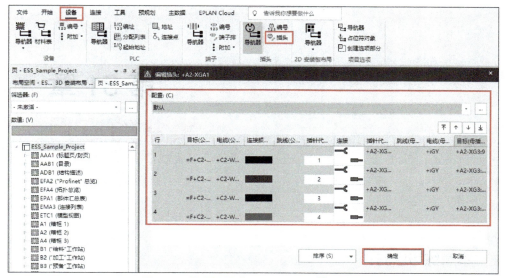

图 30-6 　【编辑插头：+A2-XGA1】对话框

第 31 章

黑盒的应用

📖 **本章练习目的：**

➢ 插入黑盒。

➢ 了解黑盒的使用方法。

➢ 了解黑盒的叠套。

31.1　黑盒的应用

黑盒（Black Box）是常用的描述设备的工具，对于标准符号库不存在的符号，可以使用黑盒工具进行定义。黑盒具体的使用场景如下：

➢ 对于那些不能在符号库里使用的设备 / 组件。

➢ 对于那些在符号库里不完整的设备 / 组件，如 PE/PEN 连接点缺失的情况下。

➢ 为了描述 PLC 组件。

➢ 为了描述复杂的设备，如变频器，在原理图的许多页都对该设备做了标记和关联参考。

➢ 为了把许多图形描述成一个设备标识符，如带闸的电机。

➢ 为了在电缆处描述备用电缆连接（如果没有黑盒就会生成错误报告"没有电缆的电缆连接"）。

➢ 为了把多个设备标识符叠套在一起，如一个有许多端子排的设备：设备为"-A1"，端子排为"-X1"和"-X2"。通过嵌套使得设备标识符"-A1-X1"和"-A1-X2"分配到端子排。

➢ 用于给端子分配设备标识符。

➢ 对于不能通过普通符号构建的特殊保护，也要显示触点映像。

31.2　插入黑盒

黑盒描述了一个由多个图形部件组成的物理组件，这些图形部件都处于黑盒的长方形内，例如网络部分的描述。在生成黑盒时，需要给它创建一个自己的设备标识符。

插入黑盒的前提条件是已打开了一个项目，并且已在图形编辑器中打开了一个项目页。

单击【插入】→【设备】→【黑盒】插入黑盒，如图 31-1 所示。在图纸页面上绘制代表黑盒的长方形。

图 31-1　【黑盒】命令

在【属性（元件）：黑盒】对话框里输入设备数据，如图 31-2 所示。项目会接收黑盒及其所有属性。

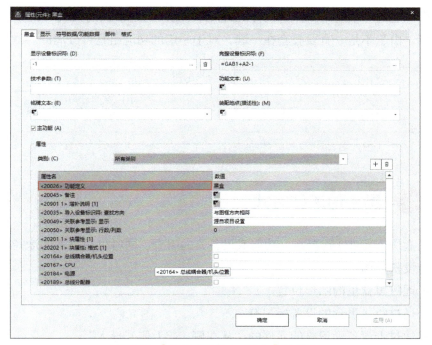

图 31-2　【属性（元件）：黑盒】对话框

31.3   黑盒的使用方法

通常黑盒的使用方法有以下几种：

1）设备连接点在黑盒内。一个或多个功能应通过一个带有设备连接点的黑盒而不是通过一个完整的符号来实现，它还能形成逻辑信息（如用于显示内部电路图）。

这种显示类型主要用于内容／功能未知或内容／功能不应公开的设备，如图 31-3 所示。

图 31-3   黑盒样式 1

2）在黑盒里的没有设备标识符的符号（连接点显示）。一个或多个功能不应通过一个符号，而是通过带有一个或多个符号的黑盒来实现。连接点不应通过（或不应仅通过）设备连接点显示，而是通过符号显示，这里要考虑到逻辑信息，如图 31-4 所示。

3）在黑盒里的有设备标识符的符号（叠套）。不同的设备应该被归为一个组或单位，也可把许多那样的组或单位装在一起，并叠套在一起，如图 31-5 所示。一些公司已经以完整模式计划了许多标准功能，经过培训的人员可批量生产这些功能。由于不是一直要叠套在一起，对于一定的功能组是可分离的。

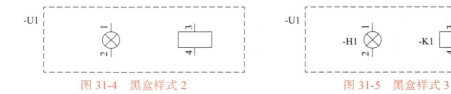

图 31-4   黑盒样式 2   图 31-5   黑盒样式 3

31.4   黑盒的工作方式

黑盒用于元件（连接点、功能或设备）的组合，同时可通过不同途径将元件分配给设备，如：

➢ 通过黑盒里的图形位置。

➢ 通过收集黑盒的设备标识符。

➢ 通过带设备标识符的元件的"从左侧（或上侧）导入"。

　　处于黑盒之外的组件、未提及属于哪个设备的组件、不能"从左侧（或上侧）导入"的组件，是没有设备标识符的元件。黑盒里没有设备标识符的元件会被所在黑盒自动赋予设备标识符。灯"-H1"通过移入"-U1"黑盒的方式自动成为叠套灯"-U1-H1"而不是成为黑盒"-U1"的连接点，如图 31-6 所示。

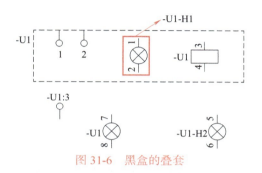

图 31-6　黑盒的叠套

　　在"-U1"黑盒里被叫作"-H2"的灯与"-U1-H2"灯在黑盒外进行关联参考（只要打开叠套）。

　　如果不输入设备标识符，程序会导入位于原理图左边（或上边，根据图框排列）的设备标识符，其插入点位于相同高度。

第 32 章
EPLAN 关联参考

通常当需要多次显示同一个设备时，会引用关联参考的概念。与该设备相关元件的配件，均由程序进行识别，以便使得所有这些元件均拥有相同的设备标识符，并且由其对应的功能定义进行标识。

关联参考表明能在何处找到原理图中设备的各个其他部件。

本章练习目的：

 ➤ 了解不同设备类型所使用关联参考的类型。
 ➤ 了解关联参考的设置。

32.1　几种关联参考类型

1. 设备关联参考

对设备关联参考做了下列区分：

1）主功能指向全部辅助功能，且每个辅助功能也指向主功能。

2）此处辅助功能在关联参考中的显示遵循以下顺序：先将在主功能的关联参考显示中显示已通过设备定义确定的辅助功能，然后显示在设备定义外确定的辅助功能。如果辅助功能上已录入了连接点代号，则在主功能的关联参考中将先按数字顺序，再按字母顺序显示连接点。在按字母顺序排序时，同样需考虑数字的数量。

2. 多线和单线显示间的关联参考

如果在多线和单线显示的原理图页中已放置了关联参考，则设备间也可有关联参考。为此，必须通过【设置】菜单对该功能进行设置。

注意，无法生成并显示指向一个单线表达类型的成对关联参考。在这里，此表达类型与页类型无关，页类型完全可以为【单线原理图】。主功能的表达类型起决定性作用，其必须为【多线】，如图 32-1 所示。

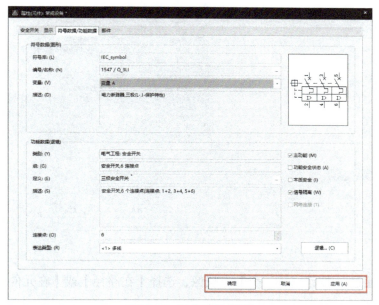

图 32-1   设备表达类型

3. 成对关联参考

成对关联参考通常应用于电机保护开关和电力断路器，它可通过在原理图中成对放置触点生成。第一次在主功能处定位的成对关联参考触点与其配对物相关联，即第二个在原理图中"连线"的触点。这第二个触点再度指向主功能上相应的成对关联参考触点。为使 EPLAN 软件可以生成一个成对关联参考，必须在成对关联参考触点上将表达类型属性设置为【成对关联参考】。

4. 触点映像中的触点关联参考

在触点映像显示中，显示设备全部已放置的元件，同时还考虑到未放置的元件及自由的功能（设备功能）。

每个设备都可以设置是否显示触点映像或关联参考列表，为此可在【属性（元件）：常规设备】对话框的【显示】选项卡中进行设置，如图 32-2 所示。

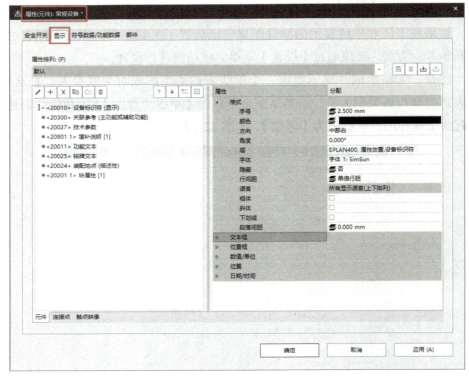

图 32-2　【显示】选项卡

可以通过⊞按钮新建一个触点映像，选择【在路径】或【在元件上】，系统会根据设置显示触点映像。在右侧区域的【属性】和【分配】栏中，可以编辑触点映像显示的设置。如果未选择触点映像方向，则仅显示关联参考列表，如图 32-3 所示。

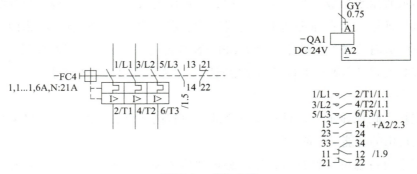

图 32-3　关联参考

触点映像和关联参考列表中的连接点代号，其顺序按以下方式确定：

1）数字顺序的连接点代号。

2）字母顺序的连接点代号。

3）空白连接点代号。

如果有设备定义，则触点映像将按设备定义的排序显示。添加没有进行设备定义的连接点代号，并按上述方式排序。空白或成对的连接点代号将按其在原理图中的位置排序。

5. 中断点之间的中断点关联参考

中断点构成关联参考，此关联参考可分为两类：

1）星形关联参考：在星形关联参考中将中断点视为输出点，具有相同名称的全部其他中断点参考此输出点。在输出点显示与其他中断点关联参考的可格式化列表，在此能确定应显示多少并排或上下排列的关联参考。

2）连续性关联参考：在连续性关联参考中，始终是第一个中断点提示第二个，第三个中断点提示第四个等，提示始终从页到页进行。

另外，还可在一连串关联参考的第一个箭头显示全部其他箭头的关联参考（可设置为每页一个）。可以像在星形源中一样对此关联参考进行格式化。

6. PLC 关联参考

原理图中，PLC 的连接点可以指向其在总览页中的参考点，且此指向可逆。为了在一个原理图页上的 PLC 连接点和一个总览页上的 PLC 连接点之间构成关联参考，两个 PLC 连接点的设备标识符、连接点号及功能定义必须一致。

7. 设备列表上的关联参考

在全部主功能处都可显示附加的关联参考，显示在包含相应设备的设备列表中。

这里，通过一个在项目指定的设置中，在【设置：常规】对话框的【关联参考 / 触点映像】→【常规】确定的特殊前缀标明此关联参考，如图 32-4 所示。

为了在主功能上显示设备列表关联参考，必须在【设置：显示】对话框的【关联参考 / 触点映像】→【显示】下启用页类型【多线】和【设备列表】之间的关联参考显示，如图 32-5 所示。此外，对于元件主功能，也需对关联参考进行显示设置。

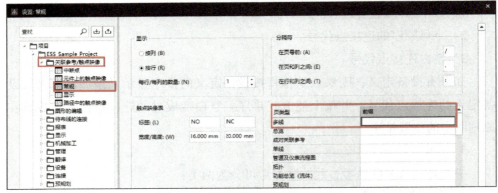

图 32-4　特殊前缀的关联参考设置

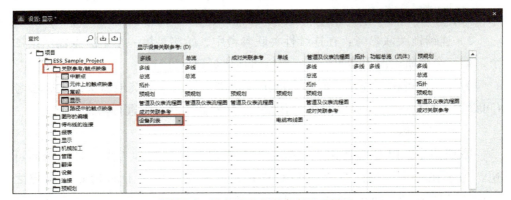

图 32-5　设备列表关联参考显示设置

32.2　关联参考设置

由于关联参考类型很多，且在元件处会组合地显示，因此在 EPLAN 软件中提供了将不同关联参考类型通过不同定义的前缀来将其从外观上区分的可能。此前缀可按任意字符的形式确定，也可按不同页类型（多线原理图页、总览等）的字符顺序的形式确定。设置为项目指定，在【设置：常规】对话框中单击【项目】→【项目名称（ESS_ 示例项目）】→【关联参考 / 触点映像】→【常规】，在带有【页类型】和【前缀】列的表格中进行设置，如图 32-6 所示。

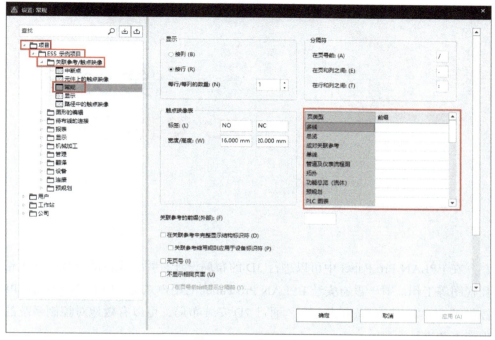

图 32-6　页类型设置

第 33 章
2D 安装板设计

在 EPLAN Pro Panel 中可以进行 3D 的布局设计，并完成自动布线、导出钻孔视图等工作。对于没有安装 EPLAN Pro Panel 的用户来说，EPLAN Electric P8 提供了 2D 安装板布局解决方案。通过 2D 安装布局，可以有效地对控制系统的生产工艺进行指导。

本章练习目的：

➢ 了解安装板布局页。
➢ 绘制安装板。
➢ 插入设备。

33.1　新建安装板布局页

新建 2D 安装板布局图时要注意选择正确的页类型，页类型的内容请参考 18.1.1 节新建页介绍。安装板布局页的页类型为【<8> 安装板布局（交互式）】，在【新建页】对话框中，必须要调整页比例到合适大小，如【1∶5】，如图 33-1 所示。

33.2　插入安装板

单击【插入】→【2D 安装板布局】→【安装板（2D）】插入安装板，并在【属性（元件）：安装板】对话框中定义安装板属性，如图 33-2 所示。

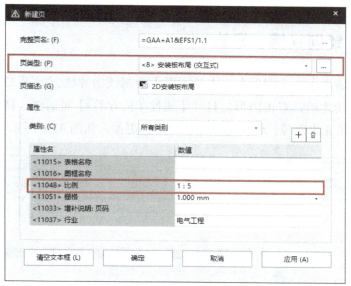

图 33-1 【新建页】对话框

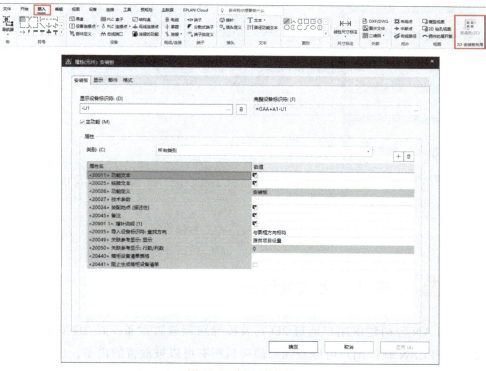

图 33-2 插入安装板

33.3　绘制线槽、导轨

　　单击【插入】→【图形】→【长方形】绘制线槽导轨，如图 33-3 所示。长方形放置成功之后，双击图形，打开【属性（长方形）】对话框，调整图形的宽度、颜色、填充表面等，使线槽、导轨与实物更像，如图 33-4 所示。

图 33-3　插入长方形

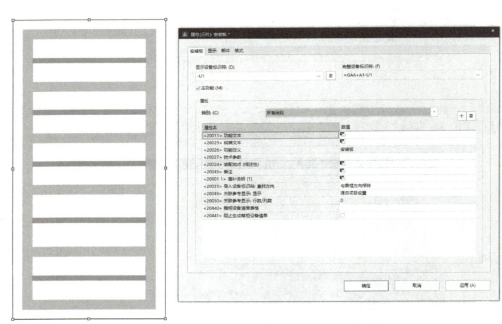

图 33-4　绘制导轨、线槽

33.4　在安装板上放置设备

　　EPLAN 公司建议用户通过 2D 安装板导航器放置设备。在 2D 安装板导航器中，EPLAN 软件用户可以看到当前项目所有可以被放置的设备，也可以灵活应用导航器中的筛选器进行设备筛选。常用的筛选器有【未放置的部件】，可以通过这个筛选条件将导航器中所有未放置到安装板的设备筛选出来，避免遗漏。在 2D 安装板布局导航器中选择要放置的元件，右击，在弹出的快捷菜单中选择【放到安装导轨上】命令，并选择之前绘制的导轨图形，然后拖拽放置设备，如图 33-5 所示。在放置设备时，用户只需要将 2D 安装板导航器中的设备拖到绘图区域即可完成设备放置，EPLAN 软件支持单个设备拖拽放置，也支持批量放置。

图 33-5 【放到安装导轨上】命令

第 34 章
项目检查

　　项目检查用于对项目设计内容的程序逻辑进行确认检查。在项目检查时生成的消息将被保存在消息数据库中，并在【工具】下的【消息管理】对话框中显示，【消息管理】对话框中会显示消息的详细信息，包括状态、类别、号码、设备标识符、消息本文等。设备标识符可以帮助用户快速了解哪些设备有逻辑错误，并且可以快速跳转到对应的原理图；消息本文会显示当前报错的描述，帮助用户快速找到报错的原因，用户还可以通过 EPLAN 软件的帮助系统，找到关于报错的原因和相应的解决办法，EPLAN 软件帮助系统里的描述会更加详细。用户在进行项目检查时，可以自行设置检查标准、自定义检查逻辑，并且将它们保存在配置中，用户可以将这些配置导出，用于其他项目。

本章练习目的：

- ➢ 通过项目检查功能，对设计结果进行检查。
- ➢ 通过检查结果查找报错信息。

34.1　项目检查界面介绍

　　项目检查的界面由【执行项目检查】和【消息管理】两部分组成。

　　【执行项目检查】对话框如图 34-1 所示，其由【设置】【应用到整个项目（A）】【只检查已完成的信息（C）】三部分组成。

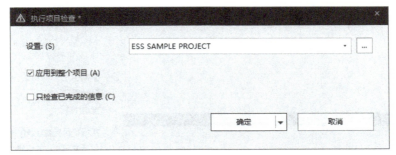

图 34-1 【执行项目检查】对话框

1)【设置】下拉列表框：可在此选择项目检查模板，修改消息和项目检查设置，详情请参考 34.2 节项目检查设置。

2)【应用到整个项目（A）】复选框：勾选此复选框时，软件将针对当前项目进行检查。

3)【只检查已完成的信息（C）】复选框：勾选此复选框时，软件将针对【消息管理】对话框中，勾选【完成】复选框的项进行检查。

【消息管理】对话框如图 34-2 所示。

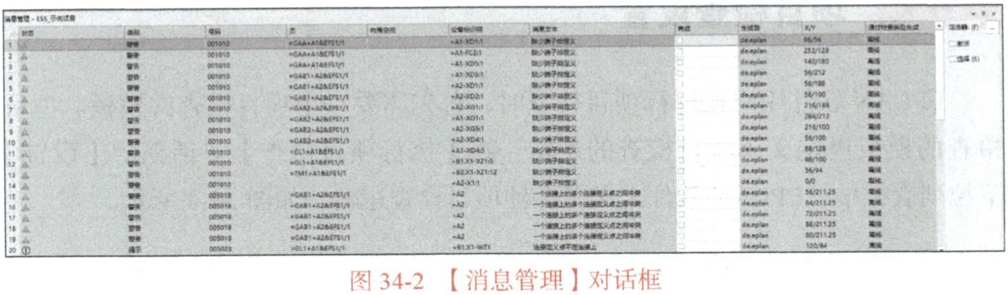

图 34-2 【消息管理】对话框

【消息管理】对话框中会显示消息的详细信息，包括状态、类别、号码、设备标识符、消息本文等。在该对话框中，用户可以通过拖拽自由调整消息显示的列宽，也可以通过右侧筛选器进行消息筛选，还可以通过【配置显示】对话框自定义显示的信息，操作方法为右击【消息管理】对话框，在弹出的快捷菜单中选择【配置显示】命令，如图 34-3 所示。

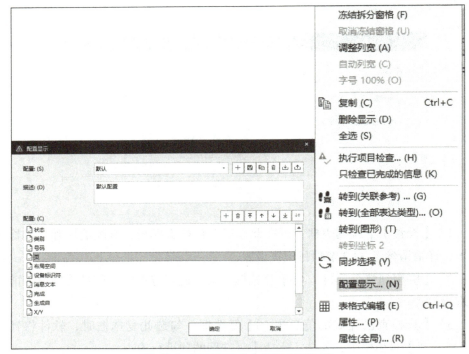

图 34-3　【配置显示】命令和对话框

项目检查设置

　　EPLAN 软件用户在进行项目检查时，首先需要一个项目检查的模板。项目检查的模板里定义了项目检查的逻辑。在【执行项目检查】对话框的【设置】下拉列表框中，EPLAN 软件定义了多种项目检查逻辑，如图 34-4 所示。

图 34-4　项目检查逻辑

当 EPLAN 软件用户需要自己去定义项目检查逻辑时，需要单击【设置】后的⊡按钮，在弹出的【设置：消息和项目检查】对话框中进行项目检查逻辑的定义，如图 34-5 所示。在该对话框中，用户可以对配置进行新建、保存、复制、删除、导入和导出操作，同时也可以定义配置中报错的类别、检查类型、筛选器等，EPLAN 公司建议用户制作项目检查模板时，在软件自带配置的基础上进行修改。

图 34-5　【设置：消息和项目检查】对话框

34.3　项目检查的步骤

EPLAN 软件用户在完成项目原理图部分的绘制之后，需要通过项目检查对图纸的逻辑进行检查，EPLAN 公司建议用户按照以下步骤进行项目检查。

34.3.1　打开【执行项目检查】对话框

单击【工具】选项卡下的【检查】命令组中的【检查】命令，如图 34-6 所示，打开【执行项目检查】对话框。

图 34-6　【检查】命令

34.3.2　执行项目检查

在【执行项目检查】对话框的【设置】下拉列表框中选择项目检查模板，并勾选【应用到整个项目（A）】复选框或者【只检查已完成的信息（C）】复选框，单击【确定】按钮，如图 34-7 所示。至此，项目检查已经完成。

图 34-7　项目检查设置

34.3.3　通过检查结果查找报错信息

单击【工具】→【检查】→【消息】，打开【消息管理】对话框，查找报错信息，如图 34-8 所示。

图 34-8　打开【消息管理】对话框

34.3.4　根据报错信息修改原理图

找到图纸存在的错误之后，需要修改报错的原理图。在【消息管理】对话框的【消息文本】中，用户可以看到当前报错的简单描述，帮助用户分析图纸报错原因（更详细的信息可以通过 EPLAN 软件帮助系统查看，帮助系统位于【文件】选项卡内）。

同时，用户可以通过【转到（图形）】命令，快速从【消息管理】对话框中的报错信息转到对应的原理图。操作方法为：光标定位到报错信息，右击，在弹出的快捷菜单中选择【转到（图形）】命令，如图 34-9 所示。

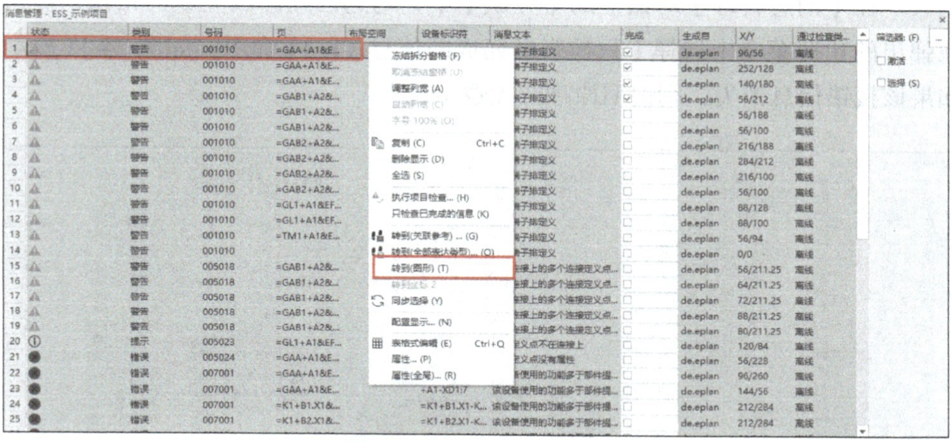

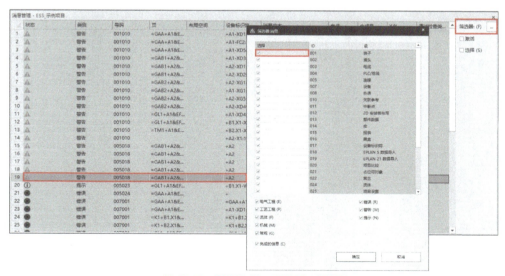

图 34-9　转到对应原理图

用户还可以通过筛选器进行报错信息的筛选，将不需要显示的报错信息筛选出去，只显示用户需要看到的内容（注意：筛选器只有在激活之后才能实现筛选功能）。单击【消息管理】对话框右侧【筛选器（F）】后的□按钮，即可调出【筛选器：消息】对话框，如图 34-10 所示。

图 34-10　【筛选器：消息】对话框

34.3.5　关闭项目检查错误消息

原理图修改完成后，需要再次执行项目检查工作，项目检查错误消息才会消失。在【消息管理】对话框的【完成】中，勾选已经修改完成的错误，右击，在弹出的快捷菜单中选择【只检查已完成的信息（K）】命令，如图 34-11 所示。如果该报错信息消失，则说明原理图无逻辑错误。

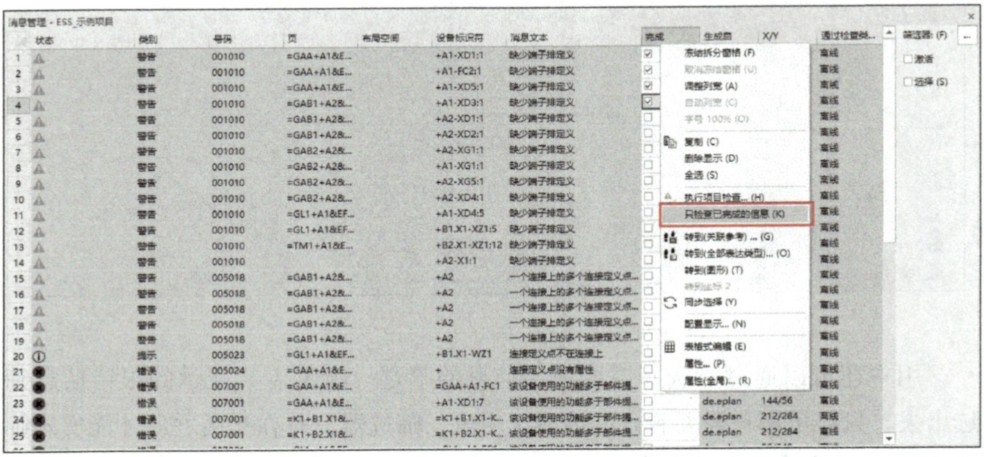

图 34-11　关闭项目检查错误信息

第 35 章

导出标签

标签指的是图纸中的信息，导出标签是将图纸内的信息按照用户需要的格式，导出到外部系统。

本章练习目的：

➤ 根据输出要求创建标签。

➤ 导出设备列表。

35.1 导出标签步骤

为了在生产设备现场直观地识别设备和连接，有必要给设备和连接导出制造数据和贴上标签，如可在设备上贴上标签和标牌。标签和标牌上输出的信息可直接从 EPLAN 软件中获得，操作步骤如下：

1）在页导航器选中项目，单击【文件】→【导出】→【制造数据】→【标签】，如图 35-1 所示。

2）在弹出的【导出制造数据/输出标签】对话框中，在【设置】下拉列表框中选择一个配置，这里选择【部件汇总表】，如图 35-2 所示。

3）在【语言】下拉列表框中选择文本输出的语言。

4）在【目标文件】框旁单击 ▣ 按钮，并在【打开】对话框中指定文件保存路径和文件名称，如图 35-3 所示。

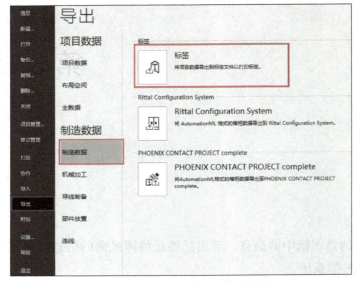

图 35-1　导出制造数据 / 输出标签

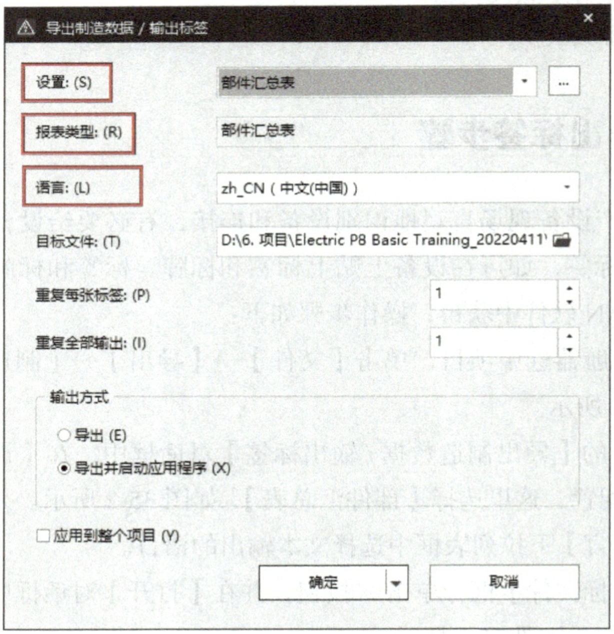

图 35-2　导出数据

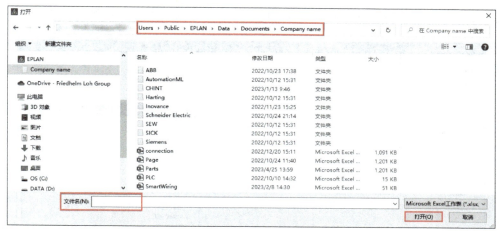

图 35-3 保存标签

5）在【重复每张标签】框中规定文件中每个标签的文本输出的频率。

6）在【重复全部输出】框中规定文件中全部文本输出的频率。

7）为了使文件输出后可在其他应用程序中打开，选择【导出并启动应用程序】单选按钮。

8）单击【确定】按钮。

35.2 创建导出配置 / 标签配置

外部报表的导出配置 / 标签配置 / 配置能将制造数据导出，或将外部报表的格式元素和设置存储到一个配置中并且能再次使用。因此，数据可一再通过相同的设置进行输出。用户在打开一个项目的前提下，可参考以下步骤操作：

1）在页导航器选中项目，单击【文件】→【导出】→【制造数据】→【标签】。

2）在弹出的【导出制造数据 / 输出标签】对话框中的【设置】框旁单击 按钮，如图 35-4 所示。

3）单击【设置：制造数据导出 / 标签】对话框中的 按钮进行配置方案的

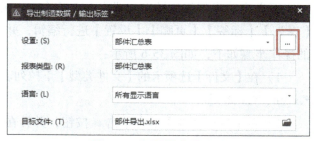

图 35-4 标签导出的配置

新建，并在弹出的【报表类型】对话框选择一个合适的报表，如图 35-5 所示。

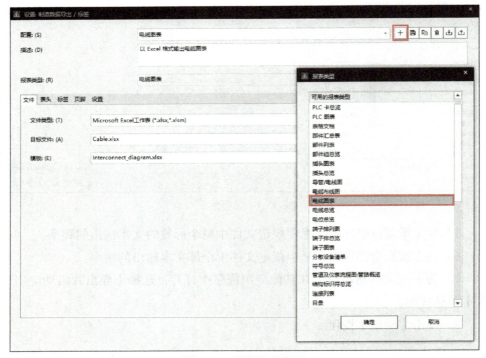

图 35-5　选择报表类型

4）报表的类型确定了该报表会调用与报表名称相关的对应数据组。

5）在【新配置】对话框输入名称和描述后，进行配置的保存。

现在可以选择 "*.txt" 作为输出的设置或确定 Excel 输出的设置。

35.3　Excel 输出设置

根据之前步骤新建导出配置之后，若【文件类型】选择 Excel，需要分别对【表头】【标签】【页脚】【设置】进行编辑，并且自定义一个模板，其中文件的操作步骤如下，如图 35-6 所示：

1）在【文件】选项卡的【文件类型】下拉列表框中选择【Excel 文件（*.xlsx，*.xlsm，*.xlsb）】。

2）在【目标文件】框旁单击 按钮，并且在【打开】对话框指定文件保存路径和文件名称，如图 35-3 所示。

3）在【模板】框旁单击▄按钮，通过弹出的对话框选择一个 Excel 模板。

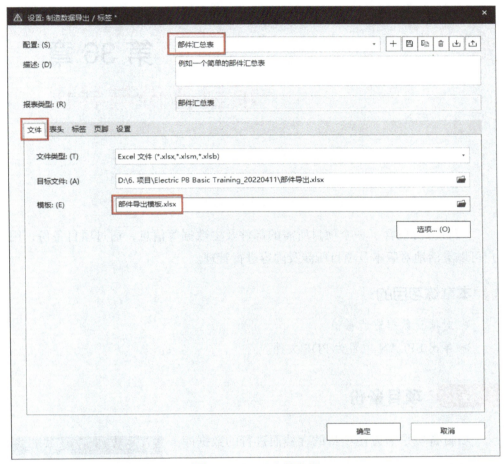

图 35-6　Excel 文件选择

第 36 章
项目备份与导出

项目备份包含了一个项目所需的部件及主数据等信息，通过项目备份，用户可以灵活地对版本及项目所涉及内容进行管理。

本章练习目的：

- ➢ 对项目数据进行备份。
- ➢ 导出 EPLAN 项目为 PDF 文件。

36.1 项目备份

项目备份是为方便项目的存档而进行的数据库备份操作，通过【文件】→【备份】进入【备份项目】对话框，如图 36-1 所示。

配置存档信息在该对话框的【方法】下拉列表框中，可对应做以下选择，以便将来的存档管理及使用，如图 36-2 所示。

1）另存为。备份时，项目附件可以被保存在另外的存储介质中，以便于归档管理。如果选择了多个项目，则会按照顺序依次备份。

2）锁定文件供外部编辑。如果项目暂时交分包商、最终用户或其他公司编辑，那么可以归档锁定。

图 36-1 项目备份

这时在另一个存储介质中备份项目，并且为源项目设置写保护。这样在项目返回时，避免了丢失在此期间对项目所作修改的内容。归档项目的全部数据都保留在原始硬盘中。

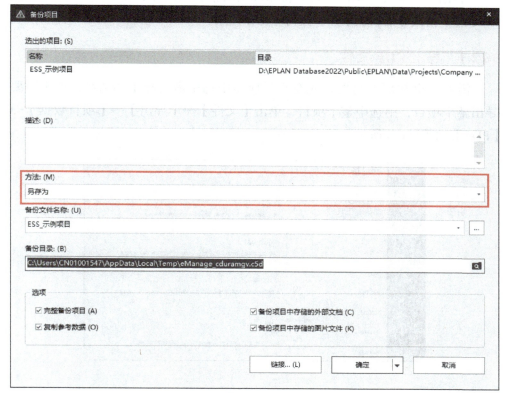

图 36-2　【备份项目】对话框

　　如果使用者试图编辑已归档锁定的项目，就会出现一个提示，说明项目已被加锁而无法编辑。

　　3）归档。结束的项目可以归档，以便腾出空间，更好地总览存储介质。这时在另一个存储介质中备份项目，并从硬盘中删除源项目，仅保留信息文件。

　　在【备份文件名称】下拉列表框中输入将要保存的文件名称，在【备份目录】框中选择将要保存的文件夹路径。全部设置完毕后，单击【确定】按钮进行项目备份。待进度条执行完毕，并且回到初始工作界面后，用户可以通过打开文件夹的方式，查找到已打包存储的项目文件。

36.2　项目导出

导出图片和 PDF 文件，就是将原理图及报表以图片 JPG/BMP/PNG 等格式以及 PDF 格式导出，供审图、交付等工作使用。

36.2.1　导出 PDF 文件

需要导出 PDF 文件时，先在页导航器中选中需要导出的图纸，如果需要导出整个项目，则选中整个项目，单击【文件】→【导出】→【项目数据】→【PDF】，如图 36-3 所示。

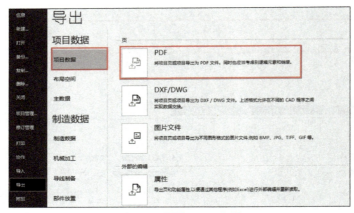

图 36-3　导出 PDF 文件

此时，根据【PDF 导出】对话框的提示，将生成的文件名、输出目录、输出颜色信息进行输入和配置，如图 36-4 所示。确认 PDF 文件的输出方式，输入并确认完毕后进行生成，然后根据设置的输出目录路径查看导出的文件即可。

36.2.2　导出图片

图片的导出方式与 PDF 文件的导出方式一样，先要选中需要导出的图纸页，然后在【导出】界面中选择【图片文件】。

在【导出图片文件】对话框中配置导出的文件信息，导出图片文件。单击【配置】下拉列表框右侧的□按钮，如图 36-5 所示。

图 36-4　【PDF 导出】对话框

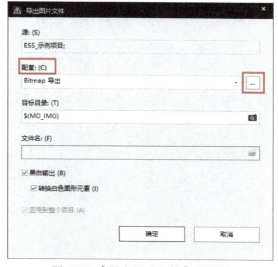

图 36-5　【导出图片文件】对话框

在【设置：导出图片文件】对话框中，根据【文件类型】的选择确定需要输出的图片格式。在【目标目录】中选择需要输出的文件夹路径，配置图片输出信息，如图 36-6 所示。

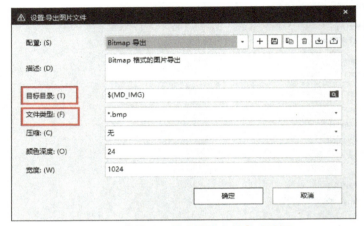

图 36-6 【设置：导出图片文件】对话框

配置完成后，单击【确定】按钮，返回上一级菜单，完成导出。

附录

EPLAN 软件快捷键

命令	快捷键
定义窗口（选择区域）	〈Space〉
跳转到已标记元素的元素点	〈Tab〉
插入符号：切换变量	〈Tab〉或〈Ctrl+ 鼠标旋转〉
插入宏：切换变量	〈Tab〉或〈Ctrl+ 鼠标旋转〉
在 3D 安装布局导航器中切换基准点	〈A〉
创建宏	〈B〉
多重复制窗口（选择区域）	〈D〉
插入椭圆	〈E〉
查找功能：跳至配对物	〈F〉
组合元素	〈G〉
导入安装导轨的长度	〈H〉
显示 / 不显示插入点	〈I〉
将安装导轨放置在中间	〈J〉
插入圆	〈K〉
插入折线	〈L〉
插入窗口宏 / 符号宏	〈M〉
跳到下一个功能（在放置和分配功能时）	〈N〉

（续）

命令	快捷键
打开 / 关闭移动基点	〈O〉
输入坐标	〈P〉
逻辑捕捉开 / 关	〈Q〉
插入长方形	〈R〉
设置增量	〈S〉
插入文本	〈T〉
显示 / 隐藏元素	〈U〉
移动	〈V〉
激活正交功能	〈x〉,〈X〉
添加宏：将光标置于水平起始位置上	〈X〉
激活正交功能	〈y〉,〈Y〉
添加宏：将光标置于垂直起始位置上	〈Y〉
打开缩放	〈Z〉
在水平 / 垂直方向激活 / 取消正交功能，取消已打开的正交功能	〈<〉,〈>〉
调用上下文相关帮助	〈F1〉,〈Ctrl+F1〉
调用编辑模式（在特定表格显示中如多语言输入对话框）	〈F2〉
直接编辑（临时）	〈F2〉
插入角（右下）	〈F3〉
插入角（左下）	〈F4〉
更新视图（"重新绘制"）	〈F5〉或〈Ctrl+Enter〉
插入角（左上）	〈F6〉
插入 T 节点（向下）	〈F7〉
插入 T 节点（向上）	〈F8〉
插入 T 节点（向右）	〈F9〉
插入 T 节点（向左）	〈F10〉

（续）

命令	快捷键
打开 / 关闭页导航器	〈F12〉
插入符号	〈Insert〉
删除窗口（选择区域）的内容	〈Delete〉
将光标移动到屏幕左边框	〈Home〉
将光标移动到屏幕右边框	〈End〉
后一页	〈PageDown〉
前一页	〈PageUp〉
在栅格内跳转	〈箭头键〉
取消操作	〈Esc〉
跳转到位于同一高度 / 同一路径的元素点	〈Shift+Alt+ 箭头键〉
插入设备连接点	〈Shift+F3〉
插入中断点	〈Shift+F4〉
插入电缆定义	〈Shift+F5〉
插入屏蔽	〈Shift+F6〉
插入连接定义点	〈Shift+F7〉
插入跳线（十字形连接）	〈Shift+F8〉
插入黑盒	〈Shift+F11〉
图片部分向左推移	〈Shift+ ←〉
激活 / 取消正交功能	〈Shift+<〉
图片部分向右推移	〈Shift+ →〉
图片部分向上移动	〈Shift+ ↑〉
图片部分向下移动	〈Shift+ ↓〉
输入相对坐标	〈Shift+R〉
跳转到元素点	〈Shift+Ctrl+ 箭头键〉
插入宏：切换表达类型	〈Shift+Tab〉
跳转到屏幕下边框	〈Ctrl+End〉

（续）

命令	快捷键
跳转到屏幕上边框	〈Ctrl+Home〉
插入换行	〈Ctrl+Enter〉
从关联参考跳转至配对物	〈Ctrl+ 鼠标单击〉，〈Ctrl+Space〉
从关联参考跳转至配对物，同时打开图形编辑器的新窗口	〈Ctrl+Shift+ 鼠标单击〉，〈Ctrl+Shift+Space〉
全选	〈Ctrl+A〉
移动属性文本	〈Ctrl+B〉
复制元素到 EPLAN 剪贴板	〈Ctrl+C〉
编辑对象的属性	〈Ctrl+D〉
生成报表	〈Ctrl+E〉
调用查找功能	〈Ctrl+F〉
通过中心插入圆弧	〈Ctrl+G〉
将元素插入查找结果列表	〈Ctrl+I〉
转到（图形）	〈Ctrl+J〉
自动从宏项目中生成宏	〈Ctrl+K〉
成组使用现有 PLC 连接点	〈Ctrl+L〉
标记页	〈Ctrl+M〉
创建页	〈Ctrl+N〉
PLC 编址	〈Ctrl+O〉
打印项目	〈Ctrl+P〉
打开 / 关闭图形编辑	〈Ctrl+Q〉
旋转图形	〈Ctrl+R〉
查找功能：同步选择	〈Ctrl+S〉
插入路径功能文本	〈Ctrl+T〉
从 EPLAN 剪贴板中插入元素	〈Ctrl+V〉
在 3D 安装布局导航器中设置部件放置选项	〈Ctrl+W〉
剪切元素并复制到 EPLAN 剪贴板中	〈Ctrl+X〉，〈Shift+Delete〉

（续）

命令	快捷键
恢复最后一步	〈Ctrl+Y〉
撤销最后一步	〈Ctrl+Z〉,〈Alt+Backspace〉
插入线	〈Ctrl+F2〉
关闭图形的编辑	〈Ctrl+F4〉
创建窗口宏 / 符号宏	〈Ctrl+F5〉
切换已作为选项卡固定的窗口，如图形编辑器、导航器等	〈Ctrl+F6〉
切换可固定窗口中叠放的用于图形编辑器、导航器等的选项卡	〈Ctrl+F7〉
创建页宏	〈Ctrl+F10〉
插入结构盒	〈Ctrl+F11〉
在已打开的窗口，如图形编辑器、导航器等之间转换	〈Ctrl+F12〉
更新报表	〈Ctrl+<〉
向左跳转到下一个插入点	〈Ctrl+ ←〉
向右跳转到下一个插入点	〈Ctrl+ →〉
向上跳转到下一个插入点	〈Ctrl+ ↑〉
向下跳转到下一个插入点	〈Ctrl+ ↓〉
插入线性尺寸标注	〈Ctrl+Shift+A〉
全局编辑：编辑报表中的项目数据	〈Ctrl+Shift+D〉
打开 / 关闭消息管理	〈Ctrl+Shift+E〉
查找功能：跳转到下一条记录	〈Ctrl+Shift+F〉
打开 / 关闭 2D 安装板布局导航器	〈Ctrl+Shift+M〉
执行项目检查	〈Ctrl+Shift+P〉
更改 3D 宏的旋转角度	〈Ctrl+Shift+R〉
中断连接	〈Ctrl+Shift+U〉
查找功能：跳转到上一条记录	〈Ctrl+Shift+V〉

（续）

命令	快捷键
打开 / 关闭栅格显示	〈Ctrl+Shift+F6〉
生成项目报表	〈Ctrl+Shift+<〉
显示整页	〈Alt+3〉
EPLAN 退出	〈Alt+F4〉
查找功能：跳转至下一个关联参考功能	〈Alt+PageDown〉
查找功能：跳转至前一个关联参考功能	〈Alt+PageUp〉
插入设备	〈Alt+Insert〉
删除放置	〈Alt+Delete〉
跳转到左侧同一高度的插入点	〈Alt+ ←〉
跳转到右侧同一高度的插入点	〈Alt+ →〉
跳转到上方同一路径中的插入点	〈Alt+ ↑〉
跳转到下方同一路径中的插入点	〈Alt+ ↓〉
跳转到下一个位置的元素点，此点也可是元素的终点	〈Alt+Home〉
编辑工作区域	〈Ctrl+Alt+A〉
上方 3D 视角	〈Ctrl+Alt+T〉
下方 3D 视角	〈Ctrl+Alt+D〉
左侧 3D 视角	〈Ctrl+Alt+L〉
右侧 3D 视角	〈Ctrl+Alt+R〉
前方 3D 视角	〈Ctrl+Alt+F〉
后方 3D 视角	〈Ctrl+Alt+B〉
西南等轴 3D 视角	〈Ctrl+Alt+1〉
东南等轴 3D 视角	〈Ctrl+Alt+2〉
东北等轴 3D 视角	〈Ctrl+Alt+3〉
西北等轴 3D 视角	〈Ctrl+Alt+4〉